航空功率分流传动系统
设计方法与均载特性

Design Method and Load Sharing Characteristics
of Aviation Power Split Transmission System

莫帅　马帅　张廷　著

天津大学出版社
TIANJIN UNIVERSITY PRESS

图书在版编目(CIP)数据

航空功率分流传动系统设计方法与均载特性 / 莫帅,
马帅, 张廷著. -- 天津 : 天津大学出版社, 2021.4
ISBN 978-7-5618-6897-3

Ⅰ.①航… Ⅱ.①莫… ②马… ③张… Ⅲ.①航空发
动机－传动系 Ⅳ.①V233.1

中国版本图书馆CIP数据核字(2021)第063370号

HANGKONG GONGLYU FENLIU CHUANDONG XITONG SHEJI FANGFA YU JUNZAI TEXING

出版发行	天津大学出版社
地　　址	天津市卫津路92号天津大学内(邮编: 300072)
电　　话	发行部: 022-27403647
网　　址	www.tjupress.com.cn
印　　刷	廊坊市海涛印刷有限公司
经　　销	全国各地新华书店
开　　本	169 mm×239 mm
印　　张	14.5
字　　数	380千
版　　次	2021年4月第1版
印　　次	2021年4月第1次
定　　价	72.00元

前　言

特种功率分流传动系统在传动比、功率密度、传动特性等方面具有无可替代的优势,是航空传动系统的理想传动形式。非对称齿轮复合行星传动系统和人字齿轮行星传动系统是特种功率分流传动系统的典型代表。

开展特种功率分流传动系统的设计方法、动态特性、均载性能等研究属于超精传动领域的前沿学术探索,是理论源头创新,具有重要的科学价值。此外,这类研究对于突破我国高功率密度特种传动系统关键技术具有重要意义且有重大的工程和装备价值。

本书是根据天津工业大学精密机械传动科研团队在机械工程领域所属齿轮传动系统设计及动力学方向的研究成果总结凝练而来。本书凝聚了近年来该团队在特种功率分流传动系统领域的最新研究成果,系统展示了非对称齿轮复合行星传动系统和人字齿轮行星传动系统的设计方法、静 / 动态均载特性演变规律和控制方法。

本书在编排方面总体分为四篇:功率分流传动系统均载特性研究概述;功率分流传动系统——非对称齿轮复合行星传动系统;功率分流传动系统——人字齿轮行星传动系统;总结与展望。

本书的第 1 篇包括第 1 章和第 2 章。第 1 章对两类典型特种功率分流传动系统(非对称齿轮复合行星传动系统和人字齿轮行星传动系统)的研究进展进行了综述,并对该领域主要研究成果进行了分析;第 2 章重点介绍了齿轮动力学研究的常用方法、理论及相关数值解法 / 仿真软件,并介绍了分流传动系统中均载系数、均载特性等相关概念。

本书的第 2 篇包括第 3 章至第 6 章。第 3 章主要研究了非对称齿轮复合行星传动系统的设计方法,并在验证了强度等因素后对其进行了加工实验;第 4 章利用有限元方法对非对称齿轮的弯曲强度等进行了验证分析;第 5 章研究了非对称齿轮复合行星传动系统的静力学均载特性,验证了内部激励变化下其静态均载特性的变化规律;第 6 章研究了非对称齿轮复合行星传动系统的动力学均载特性,并利用 ADAMS 仿真软件对研究结果进行了验证分析。

本书的第 3 篇包括第 7 章至第 10 章。第 7 章构建了人字齿轮行星传动系统的动力学模型,并阐明了其内部动态激励的数学模型;第 8 章研究了人字齿轮行星传动系统刚度变化对传动系统动力学均载特性的影响规律;第 9 章研究了人字齿轮支承结构的变化及人字齿轮行星传动系统内部部件浮动对传动系统均载特性的影响机理;第 10 章研究了人字齿轮行星传动系统内部误差激励变化对传动系统动力学均载特性的影响规律,并利用 ADAMS 仿真软件对所研究的人字齿轮行星传动系统的动态特性进行了仿真验证。

本书的第 4 篇对全书特种功率分流传动系统的研究成果进行了总结,并对未来的研究工作提出了展望。

全书由莫帅负责统稿,马帅、张廷参与编写。同时衷心感谢团队中冯战勇、朱晟平、巩嘉贝、岳宗享、邹振兴、党合玉、石丽娟、唐文杰、宋文浩、侯茂祥、李旭、杨振宁、宋裕玲、张应新、王赛赛、罗炳睿、周长鹏、刘志鹏、杨博等同学的辛勤付出和刻苦努力!

感谢中国科协青年人才托举工程(2018QNRC001),天津市青年人才托举工程(QT2018028)等人才项目的经费资助。

感谢国家自然科学基金(51805368)"复合行星非对称齿轮增速传动系统设计方法与均载特性研究",天津市自然科学基金(17JCQNJC04300)"非对称复合行星风电传动系统设计方法与动力学特性研究",天津市教委计划项目(2017KJ083)"高速重载人字齿轮星型传动系统态特性研究",重庆大学机械传动国家重点实验室开放基金项目(SKLMT-KFKT-201616)"人字齿星型传动系统功率分流均匀性机理研究"等科研项目对本书研究提供的经费支持。

感谢日本东京工业大学北条春夫教授、松村茂树教授,清华大学王先逵教授、刘辛军教授,北京航空航天大学张以都教授、王少萍教授、徐向阳教授、王延忠教授、王春洁教授,哈尔滨工业大学焦映厚教授,重庆大学王时龙教授、罗均教授、曹华军教授,北京工业大学石照耀教授,西北工业大学刘更教授,南京航空航天大学朱如鹏教授,西安交通大学雷亚国教授、闫柯教授,西南交通大学陈再刚研究员、莫继良研究员,天津大学宋轶民教授、杨玉虎教授、王世宇教授,天津工业大学金国光教授、冯志友教授等的帮助和支持,笔者受益良多。

感谢中国科学技术协会、天津市科学技术协会、中国纺织工程学会、天津工业大学、天津大学出版社等单位在本书出版过程中提供的帮助与支持。

本书可供机械设计、机械传动等领域从事研究的科技人员、工程技术人员、研究生等参考,也适合大学本科及以上相关专业的师生阅读。

鉴于作者水平有限,难免有疏漏与不妥之处,请读者批评指正。

莫 帅
2021 年于天津工业大学泮湖

目　　录

第1篇 功率分流传动系统均载特性研究概述

　　齿轮传动作为机械传动的核心,广泛应用于风力发电机主增速箱、汽车变速箱、大型工程机械传动、航空发动机主减速器、直升机螺旋桨减速器、船舶螺旋桨减速器、医用牙钻以及机械手表等领域。因此,齿轮传动与国民生活与工业生产的正常运行息息相关。齿轮传动的准确性和动力传递的稳定性均与设备和装备的安全运行密切相关,一旦传动系统发生故障,则可能引发重大的经济损失和人员伤亡,甚至会影响国防安全。因此,特种功率分流齿轮传动系统的动力学问题已成为机械传动系统研发的重点。特种功率分流传动系统是基于目前工业界中齿轮传动系统向体积小、质量轻、传动比大、承载能力强、传动效率高等方向发展的迫切需求而发展起的一类特殊齿轮传动系统。本书所研究的航空功率分流传动系统主要涉及非对称齿轮行星传动系统及人字齿轮行星传动系统。

　　航空功率分流行星齿轮传动系统中,涉及的均载特性可分为动态均载特性与静态均载特性。均载系数的本质是表征行星轮系中各路功率分流的差别,亦即各种因素造成的每一路行星轮传递载荷的差异。通常,产生不均载的主要因素为制造、安装误差和振动,参考动载系数的定义,每一路啮合副的瞬时均载系数实际上构成一条均载系数函数曲线,而瞬态均载系数可大于或小于1。取该曲线中最大值为该啮合副的均载系数,此均载系数恒大于1。取 N 对行星轮与太阳轮啮合副中的最大均载系数为行星轮与太阳轮的啮合均载系数;取 N 对行星轮与内齿圈啮合副中的最大均载系数为行星轮与内齿圈的啮合均载系数;取上述二者中值较大者为行星轮系统的均载系数。在实际工程应用中,均载特性是评估行星齿轮传动系统中行星轮支承稳定性和可靠性的关键指标。

　　非对称齿轮行星传动系统采用非对称齿轮。与对称齿廓相比,非对称渐开线齿廓具有如下特点:单齿两侧的齿廓不对称;轮齿的非工作侧齿面比工作侧齿面分度圆压力角小;齿根更厚;齿廓两侧的重合度不同。此外,非对称渐开线齿轮能增强轮齿的综合承载能力,减小轮齿的质量和噪声,降低轮齿的振动幅值。非对称齿轮是现今齿轮发展的一个全新方向,对高速、重载以及有特殊要求的传动设备具有十分重要的工程实践意义。

人字齿轮行星传动系统采用人字齿轮。人字齿轮行星传动系统的动态特性主要包含传动系统的均载特性和模态特性。均载特性体现的是具有多行星轮的人字齿轮行星传动系统在高速重载条件下,各行星轮的受载均匀性。人字齿轮行星传动系统本身存在因时变啮合刚度和系统内部存在制造安装导致的误差等造成的内部动态激励。由于这种动态激励的存在以及行星轮均匀分布在太阳轮周围而存在的啮合相位差,使各行星轮在运行过程中的动力学响应变化比较规律、整齐。因此,研究人字齿轮行星传动系统的动态特性机理可以从源头上找到影响齿轮箱均载特性的原因并加以优化,在保证齿轮箱结构合理的前提下更好地使各行星轮的啮合行为趋于一致。

综上所述,航空功率分流传动系统中的均载特性具有极高的研究价值与工程实践价值。本篇的主要研究内容如下。

第1章主要对航空功率分流传动系统的研究现状进行概述,总结出具有研究价值的若干科学问题,阐释航空功率分流齿轮传动系统的研究背景及研究意义,综述非对称齿轮复合行星传动系统的设计方法研究、齿轮传动系统的均载特性研究和传动系统柔性化及部件浮动研究,介绍本书的主要研究内容。

第2章详细介绍航空功率分流传动系统均载特性的研究方法,对所涉及的动力学软件进行介绍。介绍集中参数法、拉格朗日(Lagrange)方程及龙格－库塔(Runge-Kutla)法在动力学研究中的应用;介绍 ADAMS 及 MATLAB 软件在动力学分析中所涉及的主要功能;介绍均载特性的计算方法与相关公式。

第1章 绪 论

1.1 特种功率分流齿轮传动系统研究背景与意义

作为机械传动的核心部件,齿轮被广泛应用于风力发电机主增速箱、汽车变速箱、大型工程机械传动、航空发动机主减速器、直升机螺旋桨减速器、船舶螺旋桨减速器、医用牙钻、机械手表等领域。因此,齿轮传动与国民生活及工业生产的正常运行息息相关。

齿轮传动的准确性和稳定性与机械设备的安全运行密切相关,一旦齿轮传动系统发生故障,则可能会引发重大的经济损失和售货员伤亡。因此,齿轮的动力学分析是齿轮设计的重点研究方向。针对机械系统动力学的研究是个庞大而系统的工程,研究方向可细分为振动、噪声、冲击及动态特性研究 [1-2]。

理论研究指出,只要某曲线满足齿廓啮合定律就可成为齿轮齿廓线。渐开线齿廓加工简单、生产成本低,而且渐开线齿轮啮合具有可加性等优点,使其成为主要的齿廓曲线产 [3]。因此,本书选择渐开线作为非对称复合行星齿轮传动系统中齿轮的齿廓曲线。

与对称齿廓相比,非对称渐开线齿廓具有单齿两侧的齿廓不对称、轮齿的非工作侧齿面比工作侧齿面分度圆压力角小、齿根更厚、齿廓两侧的重合度不同等特点。非对称渐开线齿轮能增强轮齿的综合承载能力、减小轮齿的质量和噪声、降低轮齿的振动幅值,是齿轮技术发展的一个全新方向,对高速、重载以及有特殊要求的传动设备具有十分重要的工程意义。

常规渐开线齿形的分度圆压力角为 20°,但是众多国内外研究发现,增大分度圆压力角可以提高齿轮的承载能力,包括弯曲强度和接触强度,但带来的不利影响是齿顶部分变薄,重合度减小,施加载荷时易断齿 [4-5]。

综合目前的研究进展,结合大、小压力角的优缺点,本书中提出一种新型非对称齿轮,该齿轮的驱动侧为分度圆大压力角,非驱动侧为分度圆小压力角。这样不仅可以提高齿轮的强度,还避免了齿顶过薄引起的断齿。基于这种思想设计的新型非对称渐开线齿轮如图 1-1 所示。图 1-2 所示为传统对称渐开线齿轮。

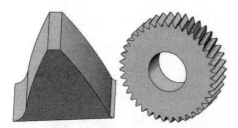
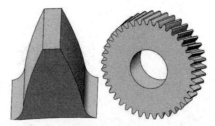

图 1-1　非对称单齿和非对称齿轮　　　　图 1-2　对称单齿和对称齿轮

在非对称齿轮啮合中，$m_1 \cos \alpha_1 = m_2 \cos \alpha_2$，主、从动轮的模数（$m$）或压力角（$\alpha$）不相等，即 $m_1 \neq m_2$、$\alpha_1 \neq \alpha_2$。其中，m_1、m_2 和 α_1、α_2 分别为两啮合齿轮的模数和压力角。此外，齿轮的工作齿面和非工作齿面的齿廓也被设计成非对称形状，即一个轮齿左右两侧的压力角不相等，小压力角侧与小压力角侧啮合，大压力角侧和大压力角侧啮合。本书研究的就是这种齿轮传动。与对称齿轮传动相比，非对称齿轮传动是一种新型齿轮传动方式，如图 1-3 和图 1-4 所示。该传动方式可以减轻传动系统的质量，提高齿轮的综合承载能力，提高传动平稳性，因此在大承载力的机械传动场合有着重要的应用价值 [6]。

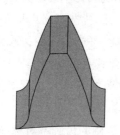
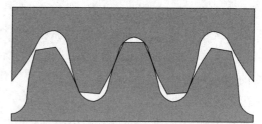

图 1-3　对称齿轮传动

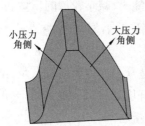
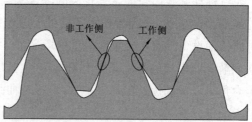

小压力角侧　　　大压力角侧　　　　非工作侧　　工作侧

图 1-4　非对称齿轮传动

非对称齿轮传动在运转中只承受单方向的载荷，近年来在精密特种行星减速器中已经有所应用。对于非对称行星齿轮传动系统，由于压力角的变化，常规齿轮的几何计算、强度计算等公式已不再适用，故对非对称行星齿轮传动内、外啮合副的相关理论和计算方法需要进一步研究。

　　复合行星传动机构如图 1-5 所示[7]。相对传统 2K-H 行星齿轮传动方式而言,业内对复合行星传动的设计研究较少。以风力发电机组的主齿轮箱中的复合行星传动系统为例,其将转速经过内齿轮输入传动系统,内齿轮与双联齿轮的小行星轮啮合,双联齿轮另一侧的大行星轮与太阳轮啮合,输入转速经过两级行星传动传送到太阳轮输出,双联行星轮共有三组,从而实现系统的功率分汇流传动。风力发电机组的主齿轮箱如图 1-6 所示。

图 1-5　复合行星传动机构

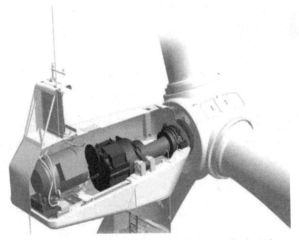

图 1-6　风电机组的主齿轮箱中的复合行星传动系统

　　在常规齿轮传动系统中,啮合副之间的齿面接触强度、齿根弯曲强度均与模数和压力角有关,故齿轮强度设计就会受到两者的限制,如果采用非对称齿轮传动系统,压力角的变化必定导致设计强度的变化。因此,必须考虑在非对称齿轮副减小了系统的体积和质量的条件下满足传动系统对高强度的需求,并考虑摩擦力因素是否对非对称齿轮副的强度有新的影响。同时,在传动系统动力学中,互相啮合的齿轮之间的啮合力、啮合冲击和传递误差是引起齿轮系统振动的主要因素,而在非对称行星齿轮传动系统中,由于齿轮压力角的变化必将会改变啮合力的大小和方向分配,这会造成传动系统的行星轮均载特性与常规齿轮传动系统不同,对均载系数的影响因素和影响程度也值得探索和研究。

随着机械设计理论的发展,工程机械、航空、航天等领域的齿轮传动系统正朝着高速、重载和大速比的方向发展。因此,关于人字齿轮行星传动系统的动力学研究已成为当前的前沿方向。因具有体积小、质量轻、传动比大、承载能力强、传动效率高等优点,人字齿轮行星传动系统在航空航天、船舶舰艇等领域具有广泛应用。行星齿轮传动的均载分布直接影响齿轮的工作寿命、平稳性和可靠性,若在齿轮设计中,齿轮的承载能力不足,则易造成齿轮故障,对设备的正常运行造成极大影响。因此,进行人字齿轮传动系统的动载特性研究具有重要的现实和工程意义。

众所周知,渐开线齿轮自问世以来,作为最主要的传动部件广泛地应用于各行各业,其动力学也已被广泛研究。社会和行业对大传动比和小体积齿轮箱的需求日益迫切。同时,航空航天与重型工业机械领域面临的高速重载工况需要齿轮的承载能力极高,人字齿轮行星传动系统的应用满足了这些要求。因此,对人字齿轮行星传动系统的动力学特性开展研究,对国家航空航天事业和重型工程机械事业的发展具有极大的现实意义。

聚焦世界当前的研究热点,结合国家具体行业和战略的重大需求,本研究旨在增强齿轮系统的承载能力、降低齿轮系统振动幅值、减轻齿轮系统的质量和噪声。本研究主要针对高速重载人字齿轮行星传动系统在设计参数变化时的均载特性变化规律,主要研究在齿轮系统设计过程中的系统刚度、柔性支承结构、齿轮部件浮动以及人字齿轮行星传动系统的内部动态激励的影响机理,为高速重载齿轮系统的设计提供理论支持。

人字齿轮行星传动系统的动态特性主要包含传动系统的均载特性和模态特性。均载特性体现的是具有多行星轮的人字齿轮行星传动系统在高速重载条件下,各行星轮的受载均匀性。人字齿轮行星传动系统本身存在因时变啮合刚度和系统内部存在制造安装导致的误差等造成的内部动态激励。由于这种动态激励的存在以及行星轮均匀分布在太阳轮周围而存在的啮合相位差,使各行星轮在运行过程中的动力学响应变化比较规律、整齐。因此,研究人字齿轮行星传动系统的动态特性机理可以从源头上找到影响齿轮系统均载特性的原因并加以优化,在保证结构合理的前提下更好地使各行星轮的啮合行为趋于一致。

1.2　特种功率分流齿轮传动系统的研究进展

1.2.1　非对称渐开线齿轮设计方法与强度特性研究

Yoerkie 曾提出一种新型非对称渐开线齿廓,这种齿廓最大的创新在于对压力角的优化。孙庆华[8] 也提出了相似的齿廓,并研究将非对称渐开线齿轮应用于齿轮泵。 Francesco 和 Marini[9] 对非对称渐开线齿轮结构进行分析,发现这种新型齿轮可以减小尺寸及质量、降低齿根弯曲应力。Kapelevich[10] 给出了非对称齿轮设计的几何学原理。Litvin 等 [11-13] 通过计算机模拟,分析了轮齿的啮合过程,得出了非对称渐开线齿轮传动可以增强承载力和降低振动的结论。

Deng 和 Nakanishi[14] 通过分析研究得出非对称渐开线齿轮可提高齿根的弯曲强度。蒋立冬等 [15] 推导了非对称渐开线齿轮的齿廓方程,并通过有限元法证明了非对称齿轮的弯曲强度有明显提高。Cavdar 等通过有限元法分析了非对称齿轮的齿根弯曲应力。张玉梅等 [16] 通过实例计算与分析得出非对称齿轮的压力角变化不宜过大; Novikov 等 [17] 介绍了某螺旋桨式飞机的齿轮箱结构,其采用非对称渐开线齿轮。Karpat 等 [18] 通过研究,发现非对称齿轮增大了传动重合度。肖望强等 [19-20] 从啮合机理上研究了非对称齿轮传动,分析了非对称齿轮传动过程中的啮合特性,为齿面接触分析(Tooth Contact Analysis,TCA)提供了理论支撑。

Alipiev[21] 提出了一种对称齿和非对称齿的统一设计方法,并通过数学表达严格推导了两种齿形的插刀展成过程。Pedersen[22] 通过研究表明,采用非对称齿形和优化刀具齿廓可以增加齿根弯曲强度。李秀莲[23] 通过对比非对称渐开线齿轮和常规齿轮,提出非对称渐开线齿轮具有更好的传动性能和更高的机械效率。Wang 等 [24] 提出了一种采用 ES-PIM-(T3)方法的非对称齿轮设计方法,并提出静态弯曲应力分析中施加力的最佳点和传动侧的最佳压力角。田兴和李威 [25] 对非对称渐开线少齿数齿轮的根切现象进行了研究,求解了不同齿数下非对称渐开线齿轮的重合度。Sekar 和 Muthuveerappan[26] 研究了非对称齿轮副的齿根应力,对非对称齿轮的弯曲刚度和接触线的变化规律进行了深入解析。史振兴[27]对非对称齿行星传动齿轮副的传动性能进行了研究,重点关注了弯曲应力和接触应力。叶福民[28]对非对称式 NGW 行星传动系统进行了研究,考虑了啮合副上两齿轮模数和压力角的不对称性,但在其研究中同一齿轮的工作面与非工作面仍为对称,即齿廓为对称设计。Masuyama 等[29]针对提高承载能力,设计了不受常规齿廓形状影响的齿廓,模拟结果表明高压力角齿具有更高的承载能力。文威[30]依托机械传动国家重点实验室对非对称普通行星传动系统的强度进行了研究。Marimuthu 和 Muthuveerappan[31]通过深入研究非对称齿形对重合度的影响机理,得出了一种新型的非对称齿形设计方法。李尊[32]对非对称齿轮的承载能力影响因素进行了深入研究,定量研究齿廓两侧双压力角的优化配置问题。Masuyama 和 Miyazaki[33]考虑了载荷分配比,用有限元法计算轮齿挠度和弯曲应力,分析了不同压力角下非对称齿轮的扭矩传递能力。Zhou 等[34]通过理论计算和有限元仿真,发现摩擦力对弧齿锥齿轮弯曲应力的影响更大。

1.2.2　非对称渐开线齿轮传动系统均载特性研究

方宗德等[35]用傅里叶(Fourier)级数法求解了三路功率分流系统的微分方程,通过考虑刚度以及偏心误差的影响,计算了各路传动系统的均载特性,为动态性能改善提供了依据。刘文等[36]针对行星轮个数为 4 的情况,分析了制造误差对等效误差的影响,并以实例计算了均载件的位移量。Bodas 和 Kahraman[37]研究了制造和装配误差对行星轮间负载分配的影响。

娄依志等[38]分析了齿轮传动的时变啮合刚度,认为非对称齿轮传动具有更好的动力学性能和振动特性。鲍和云和朱如鹏[39]考虑了系统的误差、构件的浮动等条件,构建了行星传动系统静力学均载计算模型。肖望强等[40]建立了非对称渐开线圆柱齿轮的动力学模型,并对该模型进行了振动特性研究,提出非对称齿轮具有良好的振动特性。王小群等[41]基于非对称齿轮传动系统扭转振动模型,构建了基于虚拟样机技术的非对称齿轮动力学模型。Kumar 等[42]开发了具有所需压力角和模块的非对称齿条切割器,以生成具有非对称渐开线表面和摆线圆角轮廓的齿轮,如此法生成的各个轮廓被用于优化均衡圆角应力。Marim-uthu 和 Muthuveerappan[43]比较了直接设计的非对称高接触比圆柱齿轮与传统的对称高接触比圆柱齿轮在承载能力和接触应力上的差异,结果表明非对称齿轮副的性能有显著提高。Karpat 等[18]使用动态分析比较传统正齿轮和具有不对称齿的正齿轮的性能,并加以优化,以减少动态载荷,并使用 MATLAB 软件开发了一个动态模型,用于预测具有对称和不对称齿的正齿轮的瞬时动态载荷。Sondkar 和 Kahran[44] 提出了一种双螺旋行星齿轮组的线性时不变模型,用于分析齿轮错开对齿轮传动系统动态响应的影响。韩静波等[45] 通过对传动系统的误差进行分析,阐明了误差的产生机理。陆俊华等[46] 通过建立 2K-H 齿轮传动系统的动力学模型并结合当量啮合误差原理,分析了误差对系统均载特性的影响规律。

Singh[47] 对导致不均等负载分担现象的基本机制提供了物理解释。Abboudi 和 Walha[48] 研究了典型风力发电机组使用的两级正齿轮系统的动态特性,开发了一个具有 12 个自由度的阻尼质量动力学模型;该系统的主要激励源是两级齿轮系统的时变啮合刚度变化和风力矩的波动。Lian 和 Liu[49] 采用 ADAMS 软件分析了非对称齿轮传动系统的动态性能,认为非对称齿轮传动系统在传动过程中具有较好的振动特性。Li N 和 Li W[50] 建立了非对称渐开线斜齿轮三维模型,为齿根弯曲强度和齿面接触强度有限元分析提供了基础。Zhu 等[51] 建立了考虑构件浮动的人字齿传动系统的动力学模型,并分析了构件浮动和安装误差对均载特性的影响。Wei 等[52] 建立了考虑驱动机构和刀具惯性效应的弯扭耦合齿轮系统的动力学模型,通过考虑内齿圈与多个齿轮之间的非线性耦合因素,分析了啮合角度对弯扭耦合模型的影响以及齿轮传动的动态载荷特性。王俊刚等[53] 提出了多级行星齿轮传动的动力学模型,并用数值计算方法分析了系统的载荷分布。邱星辉等[54] 从系统建模、动力学方程求解、动力学特性分析、动力学优化设计等方面系统评述了国内外学者对行星齿轮系统动力学的研究现状,从固有特性、参数稳定性、非线性动态响应等方面详细介绍了动力学特性的研究进展。何玉林等[55] 为防止大型风力发电机在运转过程中发生共振破坏,提出了一种基于多柔体系统动力学模型的分析方法。

莫帅等[56-61] 研究了 2 级人字齿传动系统中,大、小行星轮的载荷特性,考虑了当量角度啮合误差、浮动啮合误差、变形协调条件等,得到了系统的均载曲线变化规律。Sheng 等[62] 提出了一种新型的双排行星齿轮非线性弯扭耦合模型,系统地研究了包括齿轮偏心误差、齿圈支承刚度、行星轴承刚度、一级星轮扭转刚度和输入转速等系统参数对动态均载特性的影响。Deng 等[63] 对比研究了未改进和改进的非对称齿轮的啮合刚度,提出通过适当的修正参数可提高齿轮副的传动性能。Wu 等[64] 基于集中参数理论,建立了采用中间浮动分量的 Ravigneaux 复合行星齿轮组的非线性动力学模型,通过考虑位置误差和偏心误差,计算出了齿轮系统的载荷分配系数,得到了啮合误差与均载系数之间的关系曲线,分析了这些因素对载荷分担特性的影响。孙伟等[65]针对某大功率风电增速器,采用随机风速下的输入转矩来模拟外部激励以使其研究更加符合风电增速器的实际工况,依据集中质量法及牛顿第二定律建立了斜齿行星轮系动力学均载模型,从均载机构和行星传动结构角度等方面研究了行星轮系的均载特性,同时给出了系统参数对均载性能的动态灵敏度算法。

Karpat等[66]开发了一种计算非对称齿轮啮合刚度的新方法,他们使用有限元法计算单齿啮合阶段的啮合刚度,所得结果可提供动态分析所用的参数。Leque和Kahraman[67]通过建立 N 个斜齿行星轮组成的三维坐标公式来计算系统的均载特性,该计算模型可以显示制造误差等误差对行星轮分担载荷的综合影响。Iglesias等[68]研究了制造误差、偏心误差、行星销定位误差等对3路分流行星传动系统的载荷分配影响,并强调径向定位误差对行星轮载荷分配的影响不能忽略。周璐等[69]以非线性平移扭转动力学模型为研究对象,着重阐述误差和相位对传动系统的动态均载特性的影响。针对制造和安装误差引起的行星齿轮系负荷分配不均问题,Li等[70]建立了预测直升机传动系统行星齿轮系在部分负荷条件下的可靠性模型。Dong等[71]研究了航空两级五分支行星齿轮系的载荷特性,讨论了制造误差、安装误差等对均载特性的影响,并通过实验验证了理论算法的正确性。Zhang等[72]通过优化的时变啮合刚度,完成了轮内电机行星齿轮减速器动态负载分配性能的优化设计。Kim等[73]模拟并测试了与行星齿轮均载特性相关的设计参数,并分析了行星齿轮轴承位置误差对行星齿轮间负载的影响。Xu等[74]提出了21自由度集总参数动力学模型,并研究了重载行星齿轮系统中多浮动部件的动态均载特性。张霖霖和朱如鹏[75]基于集中参数法建立了考虑浮动内齿圈的人字齿轮传动系统的静态均载模型,并对其均载行为进行理论研究。

1.2.3 行星齿轮传动系统动力学模型

人字齿轮行星传动系统是齿轮传动领域的重点研究对象,其主要应用于航空航天、风力发电及重型工业机械。在人字齿轮行星传动系统的研究中,动力学研究是其中一个重要的分支。虽然关于应用齿轮的记载可以追溯至古代,但由于当时的动力驱动问题,动力学的概念还未形成。第一次工业革命后,欧拉(Euler)提出的渐开线齿轮由于其流畅的啮合特性得到了广泛的应用。当瓦特

（Watt）改良了蒸汽机之后,动力已不再是齿轮发展的阻碍,齿轮运行速度急剧提升。此时,关于齿轮传动的动力学分析就成为必要。研究者对齿轮强度计算方法进行了不懈的探索与完善,是齿轮动力学发展的重要推动力量。

随着机械设备的动力源的运转速度不断飙升,此时齿轮的振动与噪声成为研究热点,基于振动的动力学模型研究成为动力学研究的主流 [78-85]。20 世纪 50 年代以来,大量研究以线性振动力学为理论基础 [86-87],此后结合 20 世纪 80 年代以来发展出的非线性振动理论 [87],国内外研究者针对人字齿轮行星传动系统的动力学模型的构建做了大量研究。

朱增宝等 [88] 通过坐标变换并结合集中参数理论,建立了考虑中间浮动的封闭式差动人字齿轮传动系统动力学模型。莫帅等 [57, 59-60] 提出了一种新的人字齿轮传动系统动力学模型,研究了啮合误差、齿厚误差、齿距误差和组装误差等对 GTF 型航空发动机中的行星齿轮减速器（图 1-7）的均载特性的影响。

图 1-7　航空发动机中的人字齿轮行星齿轮减速器

刘文彬等 [89] 依据串联型行星齿轮传动系统的均载机理,建立了行星齿轮传动系统的动力学模型。在模型中,其综合考虑了齿轮制造误差、安装误差、啮合刚度以及间隙浮动等因素对系统的影响。基于齿轮传动系统动力学和拉格朗日方程,石万凯等 [90] 建立了人字行星齿轮传动系统的弯－扭－轴耦合动力学计算模型,并进行了动态分析。李斌 [91] 建立了行星齿轮传动系统的动力学计算模型,研究了系统的动力学特性,对系统进行了动力学分析与仿真。

陆俊华等 [46] 运用当量啮合误差原理和动力学分析方法,推导了行星齿轮传动的运动微分方程,建立了系统的动力学分析模型。通过综合考虑行星齿轮传动的时变啮合刚度、时变传递误差,徐向阳等[92]建立了多浮动构件的柔性销轴式风电齿轮箱(图1-8)的行星齿轮传动动力学模型,并研究了柔性销轴刚度和误差对传动系统均载特性的影响。

图1-8   装有人字齿轮行星传动系统的风电齿轮箱

鲍和云等[93]建立了一种考虑摩擦力、时变啮合刚度和阻尼、综合啮合误差及内齿圈柔性的节点外啮合行星齿轮平移–扭转动力学模型。朱自冰等[94]建立了两级行星齿轮传动系统的非线性动力学分析模型,模型中考虑了系统的综合啮合误差、时变啮合刚度及齿侧间隙。魏静等[95]针对传统集中质量法精度不高和大规模有限元模型计算量大、后处理困难的问题,在轴系单元法的基础上提出了一种针对行星轮系耦合振动的分析建模方法。Song 和 Howard[96]提出了一种灵活支承齿轮组的新型齿轮动力学模型,用于计算具有变化齿轮中心距的齿轮的啮合刚度,然后通过迭代将其结合到齿轮的动态模型中。

孙智民等[97]建立了封闭行星齿轮传动系统的动力学计算模型,该模型考虑了行星轮的啮合相位、行星架的弹性变形、轮系的弹性耦合和负载惯性。Kahraman 等[37,44,98-101]运用非线性模型,研究一个典型的多网格齿轮系展现的次谐波和混沌运动与齿轮分度误差对动态响应的影响,通过将响应的次谐波共振直接与数值积分结果进行比较,证实了预测的准确性,并预测了其他非线性现象,研究了小模数行星齿轮系统在轻载情况下,各行星轮载荷随行星轮位置误差的变化规律。

通过考虑各构件的制造误差与安装误差,鲍和云和朱如鹏[79]建立了两级行星齿轮传动系统的动力学模型,对由制造误差与安装误差引起的动态不均载特性进行了动力学分析。Lin 和 He[102]提出了一种分析斜齿轮传动误差的方法,首先采用有限元法建立齿轮传动系统的加工误差、装配误差、修正和静态传递误差的模型,建立了基于集总质量法的传动系统弯扭耦合动力学模型,计算了齿轮传动系统的动态传递误差,为齿轮系统的振动和噪声分析和控制提供了误差激励数据。Kim 等 [103] 提出了一种新的行星齿轮动力学模型,其中压力角和接触比随时间变化,将压力角和接触比视为时变变量,通过应用 Newmark 时间积分方法计算动态响应,以显示时变压力角和接触比对行星齿轮动态行为的影响。

Zhang 等 [104] 提出了考虑旋转和平移位移的两级闭式行星齿轮组的平移旋转动力学模型,以研究动态响应并避免共振,其将动力学方程化为矩阵形式,用于计算固有频率和模态形状。Dong 等 [105] 根据齿面接触分析(TCA)和加载齿面接触分析(Loaded Tooth Contact Analysis, LTCA)分析方法,模拟了每个齿轮副的实际啮合过程,得到了时变啮合刚度激励,并通过使用集中质量法,建立了功率分流传动的弯扭耦合三维动力学模型。Li 等 [106] 基于单级齿轮副的动力学方程和一些合理的简化,分析了健康状态下齿轮副和不同故障状态下齿轮副的频率响应。于蓬等 [107] 针对电动车动力传动系统存在的扭转振动问题,提出综合考虑控制电机动态特性及传动系统间隙 / 柔性的机电耦合仿真方法。

Xiao 等 [108] 提出了齿轮传动中粒子阻尼器的动力学模型,研究了不同转速和载荷下离心场中颗粒阻尼器的性能。Li 等 [70] 建立了一个模型来预测直升机行星齿轮系在部分载荷条件下的可靠性。Ren 等 [109] 提出了一种新的人字齿轮行星传动系统的动力学模型,通过采用集总参数方法研究自由和受迫振动特性及负荷分配特性。Qiu 等 [54] 通过两种不同的负载分配系数模型,采用数值分析法研究了水平轴风力发电机中行星齿轮的负载分配特性。

动力学模型的建立是动力学研究的基础,世界范围内对其进行了深刻而广泛的研究。基于线性和非线性振动理论,考虑齿轮啮合过程中的各种动态激励、弹性形变及温升效应,使针对动力学模型的研究得到了长足的发展和延续。这些动力学模型的发展为各种齿轮副的优化设计提供了基础。图 1-9 所示为人字齿轮单体和齿轮副实物。

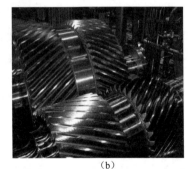

(a)　　　　　　　　　　　　　　　　(b)

图 1-9　人字齿轮单体和齿轮副实物图

(a)人字齿轮　(b)齿轮副

1.2.4 行星齿轮传动系统均载特性

均载特性作为动态特性研究的重要分支内容,受到各国研究者的广泛关注。Singh 等 [47] 建立了行星传动均载特性分析模型,对引起不均匀载荷现象的基本机理进行了物理解释。Wink[110] 研究了齿面载荷分配的求解方法,提出了三种不同的方法来解决齿轮副的静态传递误差计算中齿轮载荷的分布问题。Kahraman 等 [111] 研究了齿圈厚度对行星齿轮传动系统的轮辋挠度和应力以及对行星均载特性的影响。Hu 等 [112] 建立了一种行星齿轮系统载荷分布模型。Parker 和 Lin[113] 研究了行星轮系中多行星轮的啮合相位关系。张霖霖和朱如鹏 [114] 研究了啮合相位对人字齿轮行星传动系统均载特性的影响。莫帅等 [115-116] 通过建立相关动力学模型,研究了面齿轮与行星轮串联的分汇流系统的均载特性。

Bodas 和 Kahraman[117] 研究了行星架与各齿轮的制造误差对行星传动系统静力学均载特性的影响。靳广虎等 [118] 建立了包含齿面摩擦影响的动力学方程,并利用齿轮传动系统的结构特点消除了传动系统的刚体位移,研究了扭转刚度对均载特性的影响机理,并在三种工况下开展了两套传动系统的均载特性对比分析。马帅等 [58,119-120] 针对非对称齿轮的行星传动系统的动力学特性进行了研究,重点研究了其在动静态下的均载特性和动态特性下的接触特性。

Sun 等 [121] 结合动力系统、外部载荷、驱动力、齿轮啮合刚度和轴承支承刚度的特点,建立了一种将有限元法和动力集成变速箱仿真系统的多体动力学相结合的系统模型,研究了液压顶驱系统中动力集成变速箱的均载特性。Mo 等 [81,122-123] 通过建立人字齿轮行星传动系统的动力学模型,研究了系统刚度、柔性支承、部件浮动及啮合误差等因素对传动系统的均载特性的影响机理。胡升阳和方宗德 [124] 针对行星齿轮传动中,均载的定义存在差异的问题,为行星传动系统的均载提出了更加准确的定义。邱星辉等 [125] 研究了基础俯仰运动对风力发电机行星齿轮动力学特性的影响。

任菲等 [126] 考虑了齿轮制造过程中,制造误差等激励对人字齿轮行星传动系统均载特性的影响规律,其中考虑了太阳轮的浮动情况。叶福明等 [127] 考虑了具有非等模数的非对称行星齿轮传动系统的齿侧间隙,建立了系统的动力学模型,分析了不同冲击条件对系统均载特性的影响。桂永方等 [128] 研究了圆柱齿轮分流传动系统的均载特性,其中考虑了齿侧间隙及时变啮合刚度等系统内部激励产生的影响,建立了双输入的分流传动系统的弯曲 - 扭转耦合动力学模型。董皓等[129]针对双路功率分流系统的均载分配问题,采用几何和承载接触的方式建立了动力学模型并进行了过程仿真。

与均载特性相关的研究是行星齿轮传动领域在高传动比、低质量和小体积等发展趋势下的重要研究方向。为了探究外界影响和系统内部动态啮合激励对传动系统均载特性的影响机理,开展行星传动系统的均载特性研究具有重要的理论和工程意义。

1.2.5　行星齿轮传动系统柔性化与部件浮动

在改善行星齿轮传动系统的均载系数的众多方式中,较为常见的是使支承结构柔性化和使行星齿轮传动系统中的某一部件浮动。魏静等[130]为了研究人字齿轮行星轮系的均载机理,采用建立柔性销的方式建立了 GTF 型航空发动机人字齿轮行星传动系统的动力学模型,研究了几种柔性销的均载性能。

李金库等[131]基于 3 MW 风电的齿轮箱,建立了一级柔性销轴的有限元模型,分析了额定工况下的应力与位移。徐向阳等[132]分析了柔性销的工作原理与工程结构,建立了基于柔性销的风电齿轮箱的动力学模型,研究了时变啮合刚度和误差下的均载特性和动力学特性。李龙等[133]以某型风电齿轮箱为例,研究了柔性销在行星齿轮传动系统中的受载机理,并利用有限元法和疲劳计算软件对柔性销的柔性进行了计算。邹俊伟和朱美玲[134]基于柔性销轴技术,对风电齿轮箱中的柔性销结构和配合进行分析,研究了销轴孔温升与孔径的函数关系。

He 等[135]基于风电齿轮箱中的太阳轮浮动部件,建立了一套行星齿轮系的刚柔耦合动力学模型,以研究浮动太阳轮在不同条件下的振动特性。依靠基于模型的振动分析,可以很好地揭示浮动太阳轮的旋转运动。Ren 等[136]研究了人字齿轮的制造误差对人字齿轮行星传动系统的动态浮动特性的影响,提出了一种新颖的广义弯曲-扭转-轴向耦合方式,建立了人字形行星齿轮系的动力学模型,以集总参数方法为基础研究了系统的动态浮动性能。

张霖霖和朱如鹏[75]考虑了人字齿轮行星传动系统中的内齿圈浮动,设计了一种组合式的浮动人字齿轮行星传动系统,同时基于此系统建立了动力学模型并研究了传动系统的均载特性。Mo 等[122]针对高速重载人字齿轮行星传动系统,考虑了太阳轮的浮动情况,并考虑了柔性支承条件,研究了不同支承条件下的传动系统均载特性。郭芳等[137]基于太阳轮浮动的传动系统和集中参数理

论,建立了行星轮系的动力学模型,对系统的非线性特性进行了分析。Tsai
等[138]提出了一种用于分析带有浮动太阳轮的行星齿轮组中的齿轮啮合的分析
方法,其着眼于基本的几何关系与精确的渐开线齿轮几何结构,该方法可用于计
算具有相关误差的改进或未改进的齿轮啮合侧翼之间的齿隙。

　　Li 等[139]在对齿轮啮合力的信号传递路径函数和测量方向投影函数进行研
究的基础上,建立了一套振动信号模型,来表示单个行星齿轮啮合引起的调制边
带,获得了浮动太阳轮对某些特定频率分量的影响。Nejad 等[140]研究了带有浮
动太阳轮的风力发电机行星齿轮箱中齿轮几何误差的影响,模拟了在浮动和非
浮动太阳轮设计中涉及误差的各种工况,并比较了行星轴承的反作用、齿轮振
动、齿轮啮合载荷和轴承疲劳寿命。Tang 等[141]研究了由 2K-H 行星齿轮系的
制造误差和装配误差引起的均载分配问题,基于几何等效关系和载荷传递的弹
性力学模型,推导了行星齿轮载荷平衡与啮合间隙和啮合刚度的关系,并根据啮
合间隙计算公式,分析了基于浮动构件的均载分配结构。

　　伴随近些年计算机技术的快速发展,计算机的算力和存储能力不断提升,机
械设计理论焕发出了新的活力,机械系统动力学也因此而蓬勃发展。在现代机
械设计理论中,多自由度动力学方程的求解已不再是问题。因此,考虑部件浮动
与支承结构柔性化的人字齿轮行星传动系统的研究已成为当前研究的热点问
题[142]。

1.3　主要研究内容

1.3.1　非对称齿轮行星传动系统设计方法与均载特性

　　由文献调研可知,目前非对称行星传动系统的传动特性并不明晰,对非对称
传动系统的强度、载荷均衡、动力学性能的研究几乎为零。而且,在非对称齿轮
领域中,现有的研究仅仅集中在一个齿轮副和普通行星传动系统,对于复合行星
传动系统的相关研究非常有限。因此,本研究基于等模数非等压力角的非对称
齿轮的啮合原理,对复合行星齿轮传动系统的强度理论、均载特性进行研究,涉
及的主要研究内容包括非对称复合行星传动系统的几何参数计算,非对称复合
行星传动系统的弯曲强度理论,非对称复合行星传动系统的均载特性和基于
SolidWorks 软件的二次开发。本研究的主要工作如下。

1）非对称齿轮设计方法研究。设计了等模数非等压力角的非对称渐开线外啮合与内啮合齿轮,推导了其加工刀具齿廓方程,以非对称渐开线齿廓坐标方程为基础,给出了非对称齿轮的设计方法,对齿顶变尖情况、齿面接触强度等进行了讨论,并通过参数对比分析证明了非对称齿轮的优越性。利用 SolidWorks 二次开发平台,采用 Visual Basic（VB）语言编写了非对称渐开线齿轮齿廓设计程序,其调用 SolidWorks 内部的应用程序编程接口（Application Programming Interface，API）函数,自动生成非对称渐开线齿轮模型。此智能化设计程序界面简单明了,只要输入轮齿的基本参数就可实现智能化设计,为非对称齿轮的推广提供了理论指导。根据非对称齿轮设计方法,利用电火花线切割（简称"线切割"）方法试制出渐开线齿轮并生产出同规格的非对称齿轮与对称齿轮,为之后的强度分析、模态分析奠定基础。

2）非对称齿轮副齿根复合弯曲强度研究。由于非对称齿轮两侧压力角不相同,因此摒弃 30° 切线法,改用平截面法确定非对称齿轮的齿根危险截面。在齿根危险截面族中采用 MATLAB 软件编程,逐渐逼近并找到非对称齿轮的危险截面。运用第三强度理论,提出非对称齿轮复合弯曲强度理论,求解复合弯曲应力的影响规律。另外,建立了非对称齿轮弯曲应力有限元模型,分析传动过程中的五个特殊啮合点,揭示在啮合过程中复合弯曲应力的变化规律。最后,对比两种计算方法得出的非对称齿轮齿根复合弯曲应力值,分析非对称齿轮齿根弯曲应力的影响因素。

3）非对称齿轮传动系统均载特性研究。考虑多种啮合误差、构件浮动等的影响,建立了非对称复合行星传动系统的静力学和动力学均载模型,求解非对称齿轮传动系统的运动微分方程,得到在相同工况下,不同压力角组合的系统均载特性。对非对称齿轮传动系统和对称齿轮传动系统进行均载特性比较,并分析阻尼系数、啮合刚度、啮合阻尼、输入转速和扭矩发生改变时,系统均载系数的变化规律。

1.3.2 人字齿轮行星传动系统设计方法与均载特性

根据文献综述,可以发现当前人字齿轮行星传动系统动态特性领域的研究主要集中于传动系统的自然特性和均载特性。其主要基于机械系统动力学理论、机械振动理论和拉格朗日方程,建立相应的人字齿轮行星传动系统的弯曲 - 轴向 - 扭转动力学模型,并基于此来研究人字齿轮行星传动系统的动态响应问题。一般地,动力学的研究都是聚焦于某一响应,重点研究系统的固有特性和参数变化时的输出信号,更多地是研究设备运行过程中的振动响应和基于这些响应的状态监测。例如,基于系统振动信号的故障诊断 [143-147] 和基于声振信号的噪声研究 [148-152]。

前述的研究中,很少有研究针对人字齿轮本身的特性,如支承刚度和左右端斜齿轮的耦合扭转刚度对传动系统均载特性的影响。大多数针对误差对传动系统均载特性的研究主要聚焦于单项误差的影响,而鲜有研究考虑多误差耦合下的系统内部激励对人字齿轮行星传动系统均载特性的影响。同时,部件浮动与柔性支承结构对人字齿轮行星传动系统均载特性的影响机理也是当前的研究盲区。

本研究主要针对人字齿轮行星传动系统的减速齿轮箱,对其运动过程的动态特性进行分析研究。主要研究内容如下。

1)人字齿轮行星传动系统动力学模型的建立。基于集中参数法、拉格朗日法及牛顿第二定律,综合考虑时变啮合刚度、啮合阻尼、支承刚度、支承阻尼、左右端耦合扭转刚度、扭转刚度、扭转阻尼和轴向阻尼等参数,结合人字齿轮行星传动系统中的内部动态啮合激励,建立人字齿轮行星传动系统的动力学微分方程组。通过龙格－库塔法进行求解,可以得到人字齿轮行星传动系统的啮合力与均载系数。同时,对人字齿轮行星传动系统的模态特性进行讨论和分析,总结归纳几种行星传动系统的固有振动模态。

2)系统刚度对传动系统均载特性的影响特性研究。所研究的系统刚度主要包含各部件的支承刚度、人字齿轮左右端斜齿轮的耦合扭转刚度以及内外啮合副的啮合刚度。本研究分析人字齿轮行星传动系统中各部件的支承刚度、人字齿轮左右端斜齿轮的耦合扭转刚度与啮合刚度对传动系统均载特性的影响机理。研究结果有得利于开展人字齿轮行星传动系统设计,通过得到一组推荐的数据,为人字齿轮行星传动系统的设计提供理论与数值方面的指导。

3)部件浮动与柔性支承对传动系统均载特性的影响机理研究。人字齿轮行星传动系统中的部件浮动与柔性支承对传动系统均载特性的影响机理是当前齿轮传动领域的研究热点之一。本研究分析人字齿轮支承部分的柔性化结构在太阳轮浮动与太阳轮正常支承的两种情况下的均载特性,并将两种均载特性下的最大均载系数进行对比,得到在两种工况下的均载特性影响规律。

4)多重耦合误差激励对传动系统均载特性的影响机理研究。在关于误差的研究中,当前研究的主流是针对某一误差研究其对行星齿轮传动系统均载特性的影响机理。本研究创新性地考虑了多误差耦合下的啮合误差对人字齿轮行星传动系统均载特性的影响机理。其中,主要研究了交错角、偏心误差、齿廓偏差及安装误差等因素的多重耦合下的误差激励对均载特性的影响规律。

5)ADAMS 多体动力学仿真。进行 ADAMS 多体动力学仿真,对针对传动系统的理论研究结论进行验证。通过多体动力学仿真,得到了各啮合线上的啮合力和均载系数,将多体动力学分析结果与理论计算结果进行比较,验证理论计算的可靠性和正确性。

第2章　特种功率分流传动系统均载特性研究方法

2.1　特种功率分流传动系统动力学建模方法

2.1.1　集中参数法

动力学的建模方法主要包括集中参数法、有限元法、离散元法及连续法等。本研究中主要应用集中参数法构建人字齿轮行星传动系统的动力学模型。集中参数法一般也称作集中质量－弹簧法或凝聚参数法,其主要原理是应用离散思想对细长的杆件或缆索等对象进行分段,而在段与段之间通过有质量的节点连接。其中,段是没有质量的且被看作是刚体或是弹性体。

在集中参数法中,重力与分布力等外部载荷均集中作用在节点上,可通过各个节点的边界条件列出动力学方程,综合形成非线性微分方程组。在给定初始条件下,采用数值方法对所列出的非线性方程组进行近似求解,得到各节点处的动力学物理量,其中包括位移、速度与加速度等。

2.1.2　拉格朗日法

作为拉格朗日学的主要形式,拉格朗日方程主要用于描述物体的运动,在功能上等价于牛顿力学中的牛顿第二定律。

在广义坐标系中,对于完整系统的动力学方程,拉格朗日方程通常可被写为

$$\frac{\mathrm{d}}{\mathrm{d}t}\left(\frac{\partial T}{\partial \dot{q}_\alpha}\right) - \frac{\partial T}{\partial q_\alpha} = Q_j \quad (\alpha = 1, 2, \cdots, k) \tag{2-1}$$

式中:T 为广义坐标 q_α 和广义速度 $\dot{q}_\alpha$ 表示的动能;Q_α 为 q_α 所对应的广义力。完整系统的自由度为 $N=3n-k$,n 为质点个数,k 为能够完整地约束系统的约束方程

的个数。

利用虚位移原理,建立理想约束质点系的平衡方程;结合达朗贝尔(D'Nembert's)原理建立静力学平衡方程,建立不含约束力的动力学方程,其具体表现形式为

$$\frac{\partial T}{\partial \dot{q}_\alpha} = \sum_{i=1}^{n} \frac{\partial T}{\partial \vec{r}_i} \cdot \frac{\partial \dot{\vec{r}}_i}{\partial q_\alpha} = \sum_{i=1}^{n} m_i \ddot{\vec{r}}_i \cdot \frac{\partial \vec{r}_i}{\partial q_\alpha} \qquad (\alpha=1,2,\cdots,k) \qquad (2\text{-}2)$$

式中:m_i 为质点质量;$\vec{r}_i$ 为质点的位置矢量。

一般情况下,拉格朗日方程主要用于建立不含约束力的动力学方程。但同时也可以用于求解给定系统运动规律情况下,作用在系统上的主动力。若将拉格朗日方程与动静法或动量定理(或质心运动定理)联用,则可求解其系统的约束力。

2.1.3　龙格-库塔法

在数值分析中,龙格-库塔法是一类重要的隐式或显式迭代法,主要用于求解非线性常微分方程的数值解,也是一种在工程上应用广泛的高精度单步算法,其中包括著名的欧拉法。由于龙格-库塔法的计算精度高,其采取措施对误差进行抑制,所以其实现原理较为复杂。

设龙格-库塔法的初值问题如下:

$$\begin{cases} y' = f(t,y) \\ y(t_0) = y_0 \end{cases} \qquad (2\text{-}3)$$

则对于该问题的四阶龙格-库塔法由如下方程给出:

$$y_{n+1} = y_n + \frac{h}{6}(k_1 + 2k_2 + 2k_3 + k_4) \qquad (2\text{-}4)$$

式中,

$$k_1 = f(t_n, y_n) \qquad (2\text{-}5)$$

$$k_2 = f(t_n + \frac{h}{2}, y_n + \frac{h}{2}k_1) \qquad (2\text{-}6)$$

$$k_3 = f(t_n + \frac{h}{2}, y_n + \frac{h}{2}k_2) \qquad (2\text{-}7)$$

$$k_4 = f(t_n + h, y_n + hk_3) \qquad (2\text{-}8)$$

式中:k_1 是时间段开始时的斜率;k_2 是时间段中点的斜率,通过欧拉法采用斜率 k_1 来决定 y 在点 $t_n + h/2$ 的值;k_3 是中点的斜率,但其采用斜率 k_2 决定 y 值;k_4 是时间段终点的斜率,其 y 值由 k_3 决定。

2.2　特种功率分流传动系统动力学分析软件

2.2.1　ADAMS 简介

2.2.1.1　ADAMS 概述

ADAMS，即机械系统动力学自动分析（Automatic Dynamic Analysis of Mechanical Systems），该软件是美国机械动力公司（Mechanical Dynamics Inc.）（现已并入美国 MSC 公司）开发的虚拟样机分析软件。ADAMS 已经被世界上各行各业的数百家主要制造商采用。根据 1999 年对机械系统动态仿真分析软件的国际市场份额的统计资料，ADAMS 软件的销售总额近八千万美元，占据了 51%的国际市场份额。

ADAMS 软件使用交互式图形环境和零件库、约束库、力库，可创建完全参数化的机械系统几何模型，其求解器采用多刚体系统动力学理论中的拉格朗日法，建立系统动力学方程，对虚拟机械系统进行静力学、运动学和动力学分析，可输出位移、速度、加速度和反作用力曲线。基于 ADAMS 软件的仿真可用于预测机械系统的性能、运动范围、碰撞检测、峰值载荷，以及计算有限元的输入载荷等。

一方面，ADAMS 是虚拟样机分析软件，用户可以运用该软件非常方便地对虚拟机械系统进行静力学、运动学和动力学分析；另一方面，其又是虚拟样机分析开发工具，其具有开放性的程序结构和多种接口，可以成为特殊行业用户进行特殊类型虚拟样机分析的二次开发工具平台。ADAMS 软件有两种操作系统的版本：UNIX 版和 Windows 版。

2.2.1.2　ADAMS 模块介绍

ADAMS 软件由基本模块、扩展模块、接口模块、专业领域模块及工具箱 5 个模块组成。用户不仅可以采用通用模块对一般的机械系统进行仿真，而且可以采用专用模块针对特定工业应用领域的问题进行快速有效的建模与仿真分析。

ADAMS 软件包含的模块和工具箱如下。

1）基本模块，包括用户界面模块 ADAMS/View、求解器模块 ADAMS/Solver、后处理模块 ADAMS/PostProcessor。

2）扩展模块，包括液压系统模块 ADAMS/Hydraulics、振动分析模块 ADAMS/Vibration、线性化分析模块 ADAMS/Linear、高速动画模块 ADAMS/Animation、试验设计与分析模块 ADAMS/Insight、耐久性分析模块 ADAMS/Durability、数字化装配回放模块 ADAMS/DMU Replay。

3）接口模块，包括柔性分析模块 ADAMS/Flex、控制模块 ADAMS/Controls、图形接口模块 ADAMS/Exchange、CATIA 专业接口模块 CAT/ADAMS、Pro/E 接口模块 Mechanical/Pro。

4）专业领域模块，包括轿车模块 ADAMS/Car、悬架设计软件包 Suspension Design、概念化悬架模块 CSM、驾驶员模块 ADAMS/Driver、动力传动系统模块 ADAMS/Driveline、轮胎模块 ADAMS/Tire、柔性环轮胎模块 FTire Module、柔性体生成器模块 ADAMS/FBG、经验动力学模型 EDM、发动机设计模块 ADAMS/Engine、配气机构模块 ADAMS/Engine Valvetrain、正时链模块 ADAMS/Engine Chain、附件驱动模块 Accessory Drive Module、铁路车辆模块 ADAMS/Rail、FORD 汽车公司专用汽车模块 ADAMS/Chassis。

5）工具箱，包括工具箱软件开发工具包 ADAMS/SDK、虚拟试验工具箱 Virtual Test Lab、虚拟试验模态分析工具箱 Virtual Experiment Modal Analysis、钢板弹簧工具箱 Leafspring Toolkit、飞机起落架工具箱 ADAMS/Landing Gear、履带 / 轮胎式车辆工具箱 Tracked/Wheeled Vehicle、齿轮传动工具箱 ADAMS/Gear Tool。

2.2.1.3　MD ADAMS 简介

ADAMS 是全球应用最广泛的机械系统仿真软件之一，用户可以利用 ADAMS 在计算机上建立和测试虚拟样机，实现实时在线仿真，了解复杂机械系统设计的运动性能。MD ADAMS（MD 代表多学科）可在企业级 MSC SimEnterprise 仿真环境中与 MD NASTRAN 相互补充，提供了用于复杂的高级工程分析的完整仿真环境。SimEnterprise 是当今最为完整的集成仿真和分析技术仿真环境。MD ADAMS 完全支持运动 - 结构耦合仿真，与 MD NASTRAN 的双向集成可以方便地将 ADAMS 的模型输出到 NASTRAN 进行更为详细的噪声、振动和声振粗糙度（Noise-Vibration-Hardnees，NVH）或应力分析，继而进行寿命 / 损伤计算。

（1）MD ADAMS/Car

应用 MD ADAMS/Car，技术团队可以快速建立和测试整车和子系统的功能化虚拟样车。有助于在车辆研发过程中节省时间、降低费用和风险，提升新车设计的品质。通过 MD ADAMS/Car 的仿真环境,汽车工程师可以在虚拟环境中,在不同的路面、不同的实际条件下反复测试他们的设计,从而得到满意的结果。MD ADAMS/Car 包含了许多功能模块,可用于多学科仿真。

（2）多学科价值

MD ADAMS 的多学科价值在于其大大地拓广了数字分析的能力,MD 技术是涵盖跨学科 / 多学科的集成,研究者可以充分利用现有的高性能计算技术解决大量工程的问题。多学科技术聚焦于提升仿真效率、保证设计初期设计的有效性、提升品质、加速产品投放市场。

MD ADAMS 功能包包括:ADAMS/Solver、ADAMS/Solver SMP（C++ Solver Only）、ADAMS /Linear、ADAMS/View、ADAMS/Controls、ADAMS/Durability、ADAMS/Exchange、ADAMS/Flex、ADAMS/Insight、ADAMS/PostProcessor、ADAMS/Vibration。

MD ADAMS/Car 包包括:ADAMS/Car、ADAMS/Car Vehicle Dynamics、ADAMS/Car Suspension Design、ADAMS/Car Mechatronics（MD ADAMS）、ADAMS/Chassis、ADAMS/Driveline、ADAMS/SmartDriver、ADAMS/Tire、ADAMS/3D Road、ADAMS/Car Ride。

可选的 MD ADAMS/Car 模块:ADAMS/Tire FTire。

必要条件: MD ADAMS/Car 需要 MD ADAMS 功能包、MD ADAMS 新功能、MD ADAMS R3 新功能。

（3）产品集成编辑

通用的 MD 数据库（MD DB）格式,允许在单个 MD NASTRAN 的结果文件（.master）中存储多个弹性体模型。使用"白盒子（White box）"的输出方式,可使从 ADAMS 到 NASTRAN（ADAMS2NASTRAN）的输出发展到单元层次上,因而使整个系统中单个部件的替换更容易实现。ADAMS/View 下的新插件 ADAMS/Mechatronics,实现了控制系统与多体系统的标准化集成。MD 版 ADAMS/Engine 的发布增加了新的功能,使 MD ADAMS 所提供的功能更趋完备。

2.2.1.4　MD ADAMS 软件特点

（1）新的在线帮助系统

在 MD ADAMS 中,MSC.Software 引入了一套新的电子在线帮助系统。MD ADAMS 和 MD ADAMS/Car 的用户可以方便地使用整个帮助系统。帮助系统的目录表按照模块进行组织,更便于信息的查找和搜索。其中,对 MD ADAMS/

View 中的命令语言,增加了新的帮助;为 MD ADAMS/Vibration 模块新加了新的理论手册。为方便打印,帮助文档提供了所有帮助文档的 PDF 格式。

（2）便于在 NASTRAN 中进行振动性能分析

MD ADAMS/Vibration 的一个新功能就是 ADAMS2NASTRAN 功能,该功能可以输出线性模型,用于在 NASTRAN 中进行进一步的振动性能分析。此功能将线性化后的 ADAMS 模型封装为 NASTRAN 的 DMIG 输入形式,一旦输出完成,用户能够利用 NASTRAN 强大的频响分析功能,对系统进行精确的 NVH 分析和在较高频域范围内进行系统的响应分析。

（3）在 3D 接触分析中,用真实的球体

当模型中存在 3D 球体接触碰撞时,为了得到更为精确的结果,MD ADAMS 加强了接触计算的算法,即使用真实的球体。同以往的将球体用若干小平面表示的方法相比,这种算法的解算速度明显加快。例如,对某些滚珠轴承模型,其解算速度提高了 3.1 倍。这种算法的另一个好处是提高了接触载荷计算的精度。

（4）自动计算时变累积质量

新版本 MD ADAMS 中开发了新的实用子程序,可以在仿真过程中,自动地计算时变累积质量。新的解算器可以完成多体系统质量的计算,包括刚性体和弹性体。

（5）绘制频响仿真节点的应力和应变曲线

新版本 MD ADAMS 支持绘制强迫载荷激励引起的弹性体应力和应变的结果曲线。利用此功能,用户可快速地进行"What-if"研究,同时考虑系统多体动力学特性和结构的影响。

（6）MD ADAMS/Car Mechatronics（汽车机电模块）

MD ADAMS/Car Mechatronics 为新的模块,该模块极大地强化了 ADAMS/Car 和 ADAMS/Controls 的集成。该模块的宗旨是在 Car 模型下实现控制系统的标准化。使用该模块,用户可以很容易地对车辆控制系统的性能参数进行仿真,其中控制器的开 / 关只需要简单地在控制器上切换一下即可。利用该模块中的信号控制器（机电模块的一部分）,分析人员可以在整个系统装配时,连接控制系统和机械系统。

（7）支持 C++ Solver

在新版本 MD ADAMS 中,ADAMS/Car 的模型开始支持 C++ Solver 解算。用户可以利用新的 HHT 积分器提高解算速度。此外,MD ADAMS/Tire 和 MD ADAMS/SmartDriver 模块也支持新的 C++ Solver。C++ Solver 提供分析偏微分

方程的解析功能,因而精度更高也更稳定。同时,还支持基于传动系统建立的一般状态方程(General State Equations,GSE),并改进了包含弹性体和钢板弹簧的模型。

(8)更精确的动态悬架分析

新版本 MD ADAMS 可以利用虚拟动态悬架试验台对悬架模型完成更为真实的动态悬架分析。此功能将悬架运动的动态影响考虑在内,因而可以提高仿真的精度。用户同样可以使用 RPC 格式的文件作为运动驱动,这一点对于悬架系统及其零部件的耐久性能分析至关重要。

(9)用于轮胎分析的新试验台

使用新的轮胎试验台可以更快速地进行多个轮胎模型的比较。可以为不同的轮胎模型自动地生成轮胎特性分析的各种曲线图。这种高度自动化的分析功能有助于分析人员对各种轮胎模型的品质以及轮胎数据库快速地进行分析比较。

2.2.2　MATLAB 简介

2.2.2.1　MATLAB 概述

MATLAB 是美国 MathWorks 公司出品的商业数学软件,是用于算法开发、数据可视化、数据分析以及数值计算的高级技术计算语言和交互式环境,主要包括 MATLAB 和 Simulink 两大部分。MATLAB 是 Matrix & Laboratory 两个词的组合,意为矩阵工厂(矩阵实验室),其是美国 MathWorks 公司推出的主要面向科学计算、可视化以及交互式程序设计的高科技计算环境。MATLAB 将数值分析、矩阵计算、科学数据可视化以及非线性动态系统的建模和仿真等诸多强大功能集成在一个易于使用的视窗环境中,为科学研究、工程设计,以及需要进行有效数值计算的众多科学领域提供了一种全面的解决方案,并在很大程度上摆脱了传统非交互式程序设计语言(如 C、FORTRAN)的编辑模式,代表了当今国际科学计算软件的先进水平。MATLAB 和 Mathematica、Maple 并称为三大数学软件。在数学类科技应用软件中,MATLAB 在数值计算方面首屈一指。MATLAB 可以进行矩阵运算、绘制函数和数据、实现算法、创建用户界面、连接由其他编程语言编写的程序等,主要应用于工程计算、控制设计、信号处理与通信、图像处理、信号检测、金融建模设计与分析等领域。MATLAB 的基本数据单位是矩阵,它的指令表达式与数学、工程中常用的形式十分相似,故用 MATLAB 来解算问题要比用 C、FORTRAN 等语言简捷得多,并且 MATLAB 也吸收了 Maple 等软件的优点,使其成为了一个强大的数学软件,如在其新版本中加入了对 C、FOR-TRAN、C++、JAVA 语言的支持。

2.2.2.2 MATLAB 的主要功能

MATLAB 主要提供的功能包括数值分析、数值和符号计算、工程与科学绘图、控制系统的设计与仿真、数字图像处理、数字信号处理、通信系统设计与仿真和财务与金融工程。

MATLAB 包含的重要功能:MATLAB®(MATLAB 语言的单元测试框架)、Trading Toolbox™(一款用于访问价格并将订单发送到交易系统的新产品)、Financial Instruments Toolbox™(赫尔 - 怀特、线性高斯和 LIBOR 市场模型的校准和 Monte Carlo 仿真)、Image Processing Toolbox™(使用有效轮廓进行图像分割,对 10 个函数实现 C 代码生成,对 11 个函数使用图形处理器加速)、Image Acquisition Toolbox™(提供了用于采集图像、深度图和框架数据的 Kinect® for Windows® 传感器支持)、Statistics Toolbox™(用于二进制分类的支持向量机、用于缺失数据的主成分分析算法和 Anderson-Darling 拟合优度检验)、Data Acquisition Toolbox™(为 Digilent Analog Discovery Design Kit 提供支持包)和 Vehicle Network Toolbox™(为访问控制器局域网格总线上的电子控制单元提供明确控制协议)。

同时,MATLAB 还支持 Simulink 产品系列的重要功能,其中包括 Simulink®(Simulation Performance Advisor 链接库模块的封装,以及通过逻辑表达式控制有效变量;对 LEGO® MINDSTORMS® NXT、Arduino®、Pandaboard、Beagleboard、Raspberry Pi™ 和 Gumstix® Overo® 等硬件提供内置支持、SimRF™(针对快速仿真和模型加载时间的电路包络求解器)、SimMechanics™(发布了用于从 CAD 和其他系统导入模型的 XML 架构、Simulink Design Verifier™(数组超出边界检查、MATLAB 和 Simulink 的系统工具箱、Communications System Toolbo Sphere 解码器和 Constellation 框图系统对象)、Computer Vision System Toolbox™(相机标定、立体视觉、Viola-Jones 对象检测培训、FREAK 特征提取和其他新函数)、DSP System Toolbox™(频谱分析仪和逻辑分析示波器,以及时域示波器的触发)、Phased Array System Toolbox™(极化支持、数组锥化以及针对传感器数组分析、波形分析和雷达方程计算的应用程序代码生成和实现)、Simulink Coder™(减少了从 Stateflow® 调用的 Simulink 函数的数据副本)、Fixed-Point Designer™(结合了 Fixed-Point Toolbox™ 和 Simulink Fixed Point™ 功能的新产品)及 HDL Verifier™(从 MATLAB 生成 HDL 测试工作台)。

2.2.2.3 MATLAB 的优势特点

总体上来说，MATLAB 具备以下四个特点：① 高效的数值计算及符号计算功能，能使用户从繁杂的数学运算分析中解脱出来；② 具有完备的图形处理功能，实现计算结果和编程的可视化；③ 有友好的用户界面及接近数学表达式的自然化语言，使用户易于学习和掌握；④ 有功能丰富的应用工具箱（如信号处理工具箱、通信工具箱等），为用户提供了大量方便实用的处理工具。

具体来说，MATLAB 的优势特点可以从以下七个方面展示。

（1）编程环境

MATLAB 由一系列工具组成。这些工具可以使用户方便地使用 MATLAB 的函数和文件，其中许多工具采用的是图形用户界面，包括 MATLAB 桌面和命令窗口，历史命令窗口，编辑器和调试器，路径搜索和用于用户浏览帮助、工作空间、文件的浏览器。随着 MATLAB 的商业化以及软件本身的不断升级，MAT-LAB 的用户界面也越来越精致，更加接近 Windows 系统的标准界面，其人机交互性更强，操作更简单。而且新版本 MATLAB 提供了完整的联机查询、帮助系统，极大地方便了用户的使用。简单的编程环境提供了比较完备的调试系统，程序不必经过编译就可以直接运行，而且能够及时报告出现的错误并进行出错原因分析。

（2）简单易用

MATLAB 是一个高级的矩阵／阵列语言，它包含控制语句、函数、数据结构、输入功能，具有输出和面向对象编程的特点。用户可以在命令窗口中将输入语句与执行命令同步，也可以先编写好一个较大且复杂的应用程序（M 文件）后再运行。新版本的 MATLAB 语言是在最为流行的 C++ 语言基础上开发的，因此其语法特征与 C++ 语言极为相似，而且更加简单，更加符合科技人员构建数学表达式时所用的书写格式，使之更利于非计算机专业科技人员使用。而且这种语言的可移植性好、可拓展性极强，这也是 MATLAB 能够深入科学研究及工程计算各个领域的重要原因。

（3）处理功能强大

MATLAB 是一个包含大量计算算法的集合，其拥有 600 多个工程中所需的数学运算函数，可以方便地向用户提供所需的各种计算功能。函数中所使用的算法都是科研和工程计算中的最新研究成果，而且经过了各种优化和容错处理。在通常情况下，可以用它来代替底层编程语言，如 C 和 C++。在计算要求相同的情况下，使用 MATLAB 软件，会使编程工作量大大减少。MATLAB 的这些函数集包括从最简单、最基本的基础函数到诸如矩阵、特征向量、快速傅里叶变换的复杂函数。这些函数所能解决的问题包括矩阵运算和线性方程组的求解、微分方程及偏微分方程组的求解、符号运算、傅里叶变换和数据的统计分析、工程优化问题、稀疏矩阵运算、复数的各种运算、三角函数和其他初等数学运算、多维数组操作以及建模动态仿真等。

（4）图形处理

MATLAB 自诞生之日起就具有方便的数据可视化功能，以将向量和矩阵用图形表现出来，并且可以对图形进行标注和打印。高层次的作图包括二维和三维的可视化、图像处理、动画和表达式作图，可用于科学计算和工程绘图。新版本的 MATLAB 对整个图形处理功能做了很大的改进和完善，使它不仅在一般数据可视化软件都具有的功能（如二维曲线和三维曲面的绘制和处理等）方面更加完善，而且对于一些其他软件所没有的功能（如图形的光照处理、色度处理以及四维数据的表现等），MATLAB 同样表现出了出色的处理能力。同时，对一些特殊的可视化要求，如图形对话等，MATLAB 也有相应的功能函数，可满足用户的不同层次的要求。另外，新版本的 MATLAB 还着重在图形用户界面（Graphical User Interface，GUI）的设计上做了很大的改善，对这方面有特殊要求的用户也可以得到满足。

（5）模块工具

MATLAB 针对许多专门领域都开发了功能强大的模块集和工具箱。一般来说，它们都是由特定领域的专家开发的，用户可以直接使用相关工具箱进行学习、应用和评估，而不需要自己编写代码。诸多领域都在工具箱（Toolbox）中有了自己的一席之地，如数据采集、数据库接口、概率统计、样条拟合、优化算法、偏微分方程求解、神经网络、小波分析、信号处理、图像处理、系统辨识、控制系统设计、线性矩阵不等式控制、鲁棒控制、模型预测、模糊逻辑、金融分析、地图工具、非线性控制设计、实时快速原型及半物理仿真、嵌入式系统开发、定点仿真、数字信号处理与通信、电力系统仿真等。

（6）程序接口

新版本的 MATLAB 可以利用 MATLAB 编译器和 C/C++ 数学库和图形库，将用户自己的 MATLAB 程序自动转换为独立于 MATLAB 运行的 C 和 C++ 代码，并允许用户编写可以和 MATLAB 进行交互的 C 或 C++ 语言程序。另外，MATLAB 网页服务程序还允许用户在 Web 应用中使用自己的 MATLAB 数学和图形程序。MATLAB 的一个重要特色就是具有一套程序扩展系统和一组称之为工具箱（Toolbox）的特殊应用子程序。工具箱是 MATLAB 函数的子程序库，每一个工具箱都是为某一类学科专业和应用而定制的，主要包括信号处理、控制系统、神经网络、模糊逻辑、小波分析和系统仿真等方面。

（7）软件开发

在开发环境中，MATLAB 使用户能更方便地控制多个文件和图形窗口。在编程方面，MATLAB 支持函数嵌套，有条件中断等；在图形化方面，其有了更强大的图形标注和处理功能，包括对象对齐、连接、注释等；在输入输出方面，其可以直接和 Excel、HDF5 软件进行连接。

2.2.2.4　MATLAB 的主要应用

MATLAB 产品可以用来进行以下工作：

- ➢ 数值分析；
- ➢ 数值和符号计算；
- ➢ 工程与科学绘图；
- ➢ 控制系统的设计与仿真；
- ➢ 数字图像处理；
- ➢ 数字信号处理；
- ➢ 通信系统设计与仿真；
- ➢ 财务与金融工程；
- ➢ 管理与调度优化计算（运筹学）。

MATLAB 的应用范围非常广，包括信号和图像处理，通信、控制系统设计、测试和测量、财务建模和分析以及计算生物学等众多应用领域。附加的工具箱是单独提供的专用 MATLAB 函数集，其扩展了 MATLAB 环境，有助于解决上述应用领域内特定类型的问题。

2.3　特种功率分流传动系统均载特性分析方法

2.3.1　静态均载特性

2.3.1.1　静态均载原理

在行星传动系统中，通常将太阳轮设定为浮动件，当传动系统载荷分配不均衡时，浮动件发生微位移来补偿受力。图 2-1 和图 2-2 分别为第一和第二级齿轮的载荷分配原理图。其中，F_{Ip1}、F_{Ip2}、F_{Ip3} 分别表示 3 个第一级小行星轮与内齿轮间的弹性啮合力；F_{Sp1}、F_{Sp2}、F_{Sp3} 分别表示太阳轮与 3 个第二级大行星轮间的弹性啮合力。

　　在理想状态下，太阳轮发生浮动，3 个大行星轮对太阳轮的总作用力 F_{Sp} 为 0，即 $F_{Sp1}+F_{Sp2}+F_{Sp3}=0$，3 个大行星轮的总扭矩等于输出扭矩；内齿轮发生浮动，3 个小行星轮对内齿轮的总作用力 F_{Ip} 为 0，即 $F_{Ip1}+F_{Ip2}+F_{Ip3}=0$，3 个小行星轮的总扭矩等于输入扭矩。如果行星轮能够达到均载，则 3 个啮合力之间构成全等三角形，将 3 个力向太阳轮轴心平移，则在轴心处 3 个力抵消，如图 2-1（a）和图 2-2（a）所示；如果行星轮不能够达到均载，则 3 个啮合力之间不能构成全等三角形，将 3 个力向太阳轮轴心平移，则在轴心处 3 个力不能抵消，如图 2-1（b）和图 2-2（b）所示。

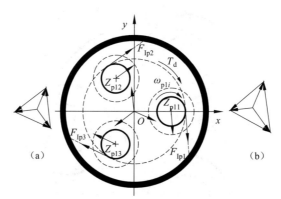

图 2-1　第一级齿轮啮合力示意图

（a）均载　（b）不均载

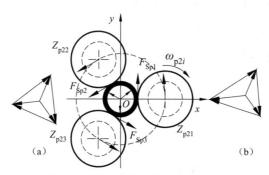

图 2-2　第二级齿轮啮合力示意图

（a）均载　（b）不均载

在实际工作中,由于误差和输入扭矩的变化,太阳轮受载不均,因此才出现了系统不均载的现象,进而产生振动和噪声。采用非对称齿轮后,x、y 轴方向上的载荷大小都将发生变化。

2.3.1.2　静态均载系数计算

图 2-3 所示的为两级非对称行星齿轮传动系统的静力学均载模型。采用集中质量法构建等效弹簧质量模型,设定系统中的构件均为刚性体,太阳轮和内齿轮可以浮动,大小行星轮不浮动。其中,K_{Sp}、K_{Ip} 分别表示太阳轮与大行星轮、内齿轮与小行星轮之间的平均啮合刚度;K_S、K_I 分别为太阳轮和内齿轮的支承刚度。

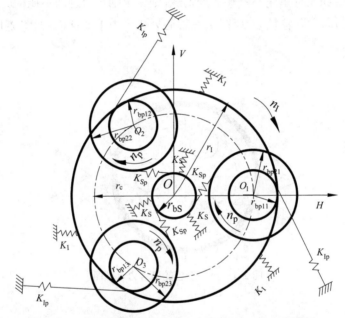

图 2-3　两级非对称齿轮行星传动系统静力学均载模型

根据分析可得,两级非对称齿轮行星传动系统共有 $6+2N$ 个自由度,其中 N 为行星轮个数。系统的广义坐标为 $X=[x_I$、H_I、V_I、x_S、H_S、V_S、x_{p1i}、$x_{p2i}]$。其中:x_I 为内齿轮在啮合线上的微位移;H_I 为内齿轮的水平浮动量;V_I 为内齿轮的垂直浮动量;x_S 为太阳轮在啮合线上的微位移;H_S 为太阳轮的水平浮动量;V_S 为太阳轮的垂直浮动量;x_{p1i}、x_{p2i} 分别为第一级小行星轮和第二级大行星轮在啮合线上的微位移。

假设行星架不转动,在太阳轮上施加传动扭矩 T。在该加载过程中,N 个行星轮中会有一个先进入啮合,由于制造误差、安装误差及浮动的影响,其他 $N-1$

个行星轮与太阳轮之间有侧隙。随着输入扭矩 T 的增大,通过啮合副和中心齿轮支承的弹性变形,侧隙逐渐消除,这时所有的行星轮均进入啮合状态。由于各啮合副和支承的弹性变形所引起的太阳轮和第 i 个行星轮的自转角为 θ'_S 和 θ'_{pi}($i=1,2,3$)。

由以上分析可知,太阳轮和第 i 个行星轮间的齿面载荷 W_{Spi} 以及第 i 个行星轮和内齿轮间的齿面载荷 W_{piI},分别为

$$W_{Spi} = K_{Sp}(r_{bS}\theta'_S - r_{bpi}\theta'_{pi} - \Delta_{Spi}) \tag{2-9}$$

$$W_{piI} = K_{pI}(r_{bpi}\theta'_{pI} - \Delta_{piI}) \tag{2-10}$$

太阳轮的静力平衡方程为

$$T - r_{bS}\sum_{i=1}^{N}W_{Spi} = 0 \tag{2-11}$$

行星轮的静力平衡方程为

$$W_{Spi} - W_{piI} = 0 \tag{2-12}$$

考虑太阳轮、行星架、行星轮与齿轮圈的浮动引起的静力平衡,得如下关系:

$$\sum W_{Spi}\cos A_i - K_S x_S = 0 \tag{2-13}$$

$$\sum W_{Spi}\sin A_i - K_S y_S = 0 \tag{2-14}$$

$$\sum W_{piI}\cos B_i - K_I x_I = 0 \tag{2-15}$$

$$\sum W_{piI}\sin B_i - K_I y_I = 0 \tag{2-16}$$

上述公式中的等效啮合刚度按 GB/T 3480 系列现行标准进行计算,单个齿轮的刚度则按材料力学的方法分别简化成圆柱体和薄壁圆筒计算得出。

在本书中,式(2-9)至式(2-16)组成 $3N+5$ 元一次方程组,求解该方程组,可解出各行星齿轮的齿面载荷 W_{Spi} 和 W_{piI}。设第 i($i=1, 2, \cdots N$)个行星轮的均载系数为 Ω_{pi},其表达式为

$$\Omega_{pi} = \frac{W_{Spi}}{T/(nr_{bS})} \tag{2-17}$$

行星传动系统的静力学均载系数 $\Omega = \max(\Omega_{pi})$。

2.3.2　动态均载特性

2.3.2.1　行星轮系动力学均载系数

在机械系统的动力学研究中,需要将各部件进行参数集中,研究各部件在高

速运转中的动力学表征。在针对行星轮系的动力学研究中,由于行星齿轮均匀
分布在太阳轮的四周以传递和承担扭矩。因此,各行星齿轮受力是否均匀是评
价行星轮系是否合格的一个重要指标。图 2-4 所示为行星轮系的动力学模型。

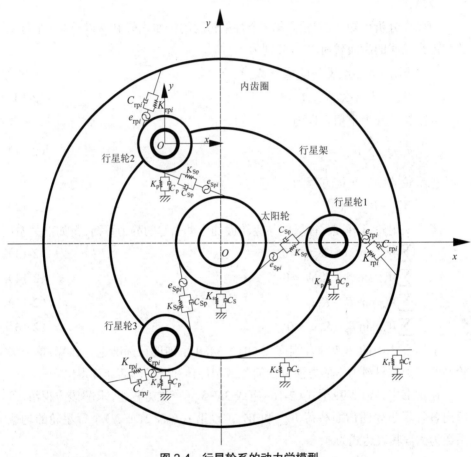

图 2-4　行星轮系的动力学模型

　　不考虑输入和输出轴的影响,输入扭矩直接作用于行星架。每个单斜齿轮
分别具有沿 x、y、z 轴方向的平动以及绕 z 轴方向的转动。故该系统具有 $4N+12$
个自由度,其中 N 为行星轮的个数。

　　基于动力学模型,构建相应的动力学方程并进行求解,得到行星轮系中的各
齿轮在相应啮合线上的啮合力 F,这部分内容将分别在本书第 2 篇和第 3 篇中
关于非对称行星齿轮系统和人字齿轮行星传动系统的部分展开描述。最后,将
所得的啮合力 F 进行求解,得到行星轮系的均载系数。

对于行星轮系的均载系数,目前尚无统一的定义,国内外文献中的定义也不完全相同。参考国内外相关文献,本书对行星轮系均载系数给出定义,以下对该定义进行详述。

考虑均载系数的本质是能够表征行星轮系中,各路功率分流的差别,亦即表征各种因素造成的每一路行星轮传递载荷的差异。通常而言,产生不均载的主要因素为制造误差、安装误差和振动。因此,参考动载系数的相关定义,将每对啮合副的瞬时均载系数定义为

$$\Omega_{jki}(t) = \frac{F_{dki}(t)}{\frac{1}{N}\sum_{i}^{N} F_{dki}(t)} \tag{2-18}$$

式中:$k = \text{I}$(太阳轮),II(行星轮);$i = 1, 2, ..., N$;$\Omega_{jki}(t)$ 为行星轮与太阳轮或行星轮与内齿圈啮合副的瞬时均载系数;$F_{dki}(t)$ 为动载荷。每一路啮合副的瞬时均载系数实际上构成一条均载系数函数曲线,瞬时均载系数可大于或小于 1。取该曲线中最大值为该啮合副的均载系数,该均载系数恒大于 1;取 N 对行星轮与太阳轮啮合副的均载系数中最大者作为行星轮与太阳轮的啮合均载系数;取 N 对行星轮与内齿圈啮合副的均载系数中最大者作为行星轮与内齿圈的啮合均载系数;取行星轮与太阳轮、行星轮与内齿圈啮合副的均载系数中较大者为行星轮系统的均载系数,则有:

$$\Omega_{jki} = \max[\Omega_{jki}(t)] \tag{2-19}$$

$$\Omega_{jk} = \max[\Omega_{jki}] \tag{2-20}$$

$$\Omega_{j} = \max[\Omega_{j\text{I}}, \Omega_{j\text{II}}] \tag{2-21}$$

式中:$k = \text{I}, \text{II}$;$i = 1, 2, ..., N$;Ω_{jki} 为啮合副的瞬时均载系数;Ω_{jk} 为行星轮与太阳轮($k = \text{I}$)或行星轮与内齿圈($k = \text{II}$)的均载系数;Ω_{j} 为行星轮系统的均载系数。

由上述定义可知,研究所用的基本数据来源于行星轮系动力学仿真获得的每对啮合副的动载荷,并由此处理得到每对啮合副的瞬时动载系数曲线和瞬时均载系数曲线。行星轮系的动载主要由承载传动误差和啮合冲击激励产生,表现为高频(齿频)振动;行星轮系的不均载主要由制造与安装误差产生,包括齿轮制造位置误差和安装位置误差,表现为低频(轴频)波动。系统的轴频波动因频率较低,可以假定基本不激励系统振动。以下对动载系数和均载系数进行说明。

1)瞬时动载系数曲线仅包含高频(齿频)振动,因此为一条在幅值为 1 的直线(不包括制造和安装误差导致的轴频波动的静载荷)上下振动的曲线,振动幅

值反映了这对啮合副振动的大小。

2）瞬时均载系数曲线不仅包含高频（齿频）振动，而且包含低频（轴频）波动，因此其曲线表现为在平均幅值为 1 的直线附近上下波动，且包含高频振动的曲线，其中低频波动幅值反映了制造和安装误差导致的不均载，高频振动幅值反映了振动导致的不均载。一般地，制造和安装误差导致的不均载是主要因素。

2.3.2.2　行星轮系动力学均载系数计算公式

根据相关文献中对均载系数和动载系数的定义，系统均载系数可表示为如下形式，即根据均载系数计算公式，单个齿轮副（行星轮与太阳轮、行星轮与内齿圈）的均载系数为

$$
\begin{cases}
b_{\mathrm{Sp}n} = \dfrac{N \cdot F_{\mathrm{sp}n}}{\displaystyle\sum_{i=1}^{N} F_{\mathrm{sp}n}} \\[3ex]
b_{\mathrm{rp}n} = \dfrac{N \cdot F_{\mathrm{rp}n}}{\displaystyle\sum_{i=1}^{N} F_{\mathrm{rp}n}}
\end{cases}
\tag{2-22}
$$

$$
\begin{cases}
B_{\mathrm{Sp}} = \left| b_{\mathrm{Sp}n} - 1 \right| \max + 1 \\
B_{\mathrm{rp}} = \left| b_{\mathrm{rp}n} - 1 \right| \max + 1
\end{cases}
\tag{2-23}
$$

式中：n 为所取啮频周期数；N 为行星轮个数；F 为当前啮频周期的啮合力。则人字齿轮内外啮合均载系数为

$$
\begin{cases}
\Omega_{\mathrm{Sp}} = \max(B_{\mathrm{Sp}}) \\
\Omega_{\mathrm{rp}} = \max(B_{\mathrm{rp}})
\end{cases}
\tag{2-24}
$$

第2篇 功率分流传动系统——非对称齿轮复合行星传动系统

　　非对称渐开线齿轮的齿廓渐开线由不同基圆展成,左、右齿廓采用不对称的压力角。最初研究非对称齿轮时,工作侧使用小压力角,非工作侧使用大压力角。这虽然使强度提高,但是随着啮合周期的不断增大,齿轮传动的振动与噪声也会愈加明显。因此,把大压力角侧作为齿轮传动的工作侧,小压力角侧(20°)作为非工作侧。这样不仅可以增强齿轮传动的接触强度和弯曲强度,也不会产生振动增大的现象,与现今非对称齿轮的研究方向相吻合。

　　由于齿廓两侧压力角的变化,需要重新研究传统的齿轮几何计算方法和啮合特性,一些涉及参数选取的公式和参数变化范围也需要重新推导和确定,如弦齿厚公式、重合度公式、根切极限值等都需要根据压力角的变化重新修订。因此,对等模数非等压力角的非对称渐开线齿轮的设计与分析就十分必要,其可为之后的非对称齿轮的承载能力分析、均载特性分析奠定理论基础。

　　常规渐开线齿形的分度圆压力角为20°,但是在众多国内外研究中可以发现,分度圆压力角的增大可以提高齿轮的承载能力,并可提高弯曲强度和接触强度,而带来的不利影响为齿顶部分变薄、重合度减小,施加载荷时易造成断齿。在航空航天领域,应用非对称齿轮复合行星传动系统能够很好地满足航空发动机对齿轮传动系统的特殊需求。

　　本篇中,对非对称渐开线齿轮设计方法和非对称齿轮复合行星传动系统的强度理论与均载特性进行研究,主要包括非对称渐开线齿轮的设计方法研究、非对称渐开线齿轮传动的强度理论研究、非对称齿轮复合行星传动系统的均载特性研究和非对称渐开线齿轮的参数化设计与加工。主要的研究内容如下。

　　第3章,基于齿廓啮合原理,推导不同压力角下的齿廓曲线方程,建立非对称渐开线外啮合齿轮、非对称渐开线内啮合齿轮的3D模型,并研究加工非对称齿轮所用刀具的齿廓方程,完成非对称渐开线齿轮的设计研究,分析非对称齿轮在极限齿数、压力角、变位系数等方面的优越性。在齿轮副设计中,常规方法在计算齿轮弯曲应力时,一般按照弯曲强度设计,在计算过程中忽略了法向力导致的压应力和剪应力的影响,而这些因素对于非对称齿轮轮齿的影响很大。所以,在研究非对称齿轮的弯曲应力时,需要综合考虑轮齿根部的受力情况,并结合参数化设计(SolidWorks 二次开发)和现代加工方法(电火花线切割),实现新型非对称渐开线齿轮的参数化建模与加工,为后续非对称渐开线齿轮的实验研究奠定坚实的基础。

第 4 章,利用 SolidWorks 软件建立多种等模数非等压力角的齿轮副,利用 MATLAB 软件进行复合弯曲强度理论计算。采用编程法确定齿根危险截面和最大应力,并结合 ANSYS 软件对结果进行仿真验证,考虑有、无摩擦力作用下,齿根复合弯曲强度的变化规律,提出摩擦力应力因子;探讨压力角的微小差异对整个传动系统传动特性的影响;探讨模数、齿数等基本参数独立变化及耦合变化对承载能力的影响;验证非对称齿轮传动形式对增强系统承载能力的作用。

第 5 章,利用数值方法,构建非对称齿轮复合行星传动系统的静力学均载系数计算模型,在模型中分别考虑当量啮合误差、浮动误差及综合啮合误差的影响,定量研究非对称齿轮复合行星传动系统的静力学均载特性。

第 6 章,定量研究非对称齿轮复合行星传动系统的制造误差、安装误差、输入参数等对系统均载特性的影响;采用集中质量法建立非对称齿轮传动系统的均载模型,并分析啮合误差、啮合刚度和阻尼、输入转速和扭矩等对系统均载性能的影响;应用 ADAMS 软件模拟仿真实际工况条件,建立非对称复合行星传动系统的均载分析理论体系。

第3章 非对称齿轮副设计方法

3.1 非对称渐开线齿轮设计

3.1.1 非对称渐开线斜齿轮设计方法

如图 3-1 所示,假设某平面与基圆柱相切,平面上的一条直线 L 与基圆柱轴线 OO 成 β 角。当此平面沿基圆柱做纯滚动时,直线 L 就形成了渐开线螺旋曲面,直线 L 上每一点的渐开线合并起来就形成了斜齿轮的齿面。不同圆柱面对应的螺旋角不同,基圆柱的直径 d 越大,螺旋角越大,即 $\tan\beta = \pi d/L$。

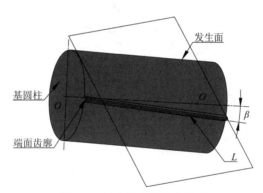

图 3-1 斜齿轮齿面形成原理

根据斜齿轮齿面的形成原理,确定好相应的齿轮参数,然后找出非对称渐开线斜齿轮的端面齿廓渐开线,建立端面齿廓渐开线方程和齿根过渡曲线方程。由于是非对称斜齿圆柱齿轮,故端面齿廓渐开线方程包括工作侧和非工作侧端面齿廓渐开线方程,齿根过渡曲线包括工作侧和非工作侧齿根过渡曲线。这样,就相当于在与基圆柱相切的面上呈现出了整个齿的完整轮廓。当渐开线方程上的每一点都绕基圆柱轴线做相同的螺旋运动时,就会形成非对称渐开线斜齿轮齿面。

3.1.1.1　齿面渐开线方程建立

由图 3-2 可知,当直线 Bk 沿圆周做纯滚动时,直线上某点 $k(x, y)$ 的轨迹 Ak 即该圆的渐开线,该圆即为基圆。基圆半径用 r_b 表示,直线 Bk 即为发生线,θ_k 即为 k 点的展角。设 r_k 为渐开线在点 k 的向径,当渐开线与其共轭齿廓在 k 点啮合时,在 k 点所受压力的法线方向与 k 点的速度方向之间的夹角 α_k 为点 k 的压力角。

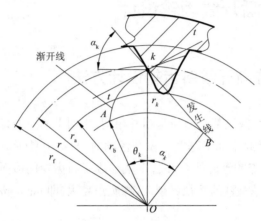

图 3-2　渐开线坐标

由 △BOk 可得

$$\cos\alpha_k = r_b / r_k \tag{3-1}$$

又因为

$$\tan\alpha_k = \frac{\overline{Bk}}{r_b} = \frac{\widehat{AB}}{r_b} = \frac{r_b(\alpha_k + \theta_k)}{r_b} \tag{3-2}$$

故得

$$\theta_k = \tan\alpha_k - \alpha_k \tag{3-3}$$

由式(3-3)可知,θ_k 是 α_k 的函数,用渐开线函数 $inv\alpha_k$ 表示为

$$inv\alpha_k = \theta_k = \tan\alpha_k - \alpha_k \tag{3-4}$$

所以渐开线方程的极坐标表达式为

$$\begin{cases} r_k = r_b/\cos\alpha_k \\ \theta_k = \tan\alpha_k - \alpha_k \end{cases} \tag{3-5}$$

将渐开线极坐标表达式(3-5)转化为直角坐标参数方程,用 ∠$AOB=\varphi_k$ 作为参数,可得

$$\varphi_k = \alpha_k + \theta_k \tag{3-6}$$

$$\varphi_k = \tan \alpha_k \tag{3-7}$$

点 k 的直角坐标 $k(x, y)$ 在 xOy 平面中可写为

$$x_k = r_k \cos \theta_k = \frac{r_b}{\cos \alpha_k} \cos(\varphi_k - \alpha_k)$$

$$= \frac{r_b}{\cos \alpha_k} (\cos \varphi_k \cos \alpha_k + \sin \varphi_k \sin \alpha_k) = r_b (\cos \varphi_k + \varphi_k \sin \varphi_k) \tag{3-8}$$

$$y_k = r_k \sin \theta_k = \frac{r_b}{\cos \alpha_k} \sin(\varphi_k - \alpha_k)$$

$$= \frac{r_b}{\cos \alpha_k} (\sin \varphi_k \cos \alpha_k - \cos \varphi_k \sin \alpha_k) = r_b (\sin \varphi_k - \varphi_k \cos \varphi_k) \tag{3-9}$$

故在渐开线平面直角坐标系中的表达式为

$$\begin{cases} x_k = r_b (\cos \varphi_k + \varphi_k \sin \varphi_k) \\ y_k = r_b (\sin \varphi_k - \varphi_k \cos \varphi_k) \end{cases} \tag{3-10}$$

如果在空间坐标系 $Oxyz$ 中,渐开线的表达式可写为

$$\begin{cases} x_k = r_b (\cos \varphi_k + \varphi_k \sin \varphi_k) \\ y_k = r_b (\sin \varphi_k - \varphi_k \cos \varphi_k) \\ z_k = 0 \end{cases} \tag{3-11}$$

式中:设

$$r_b = r \cos \alpha_d \tag{3-12}$$

同理,齿轮非工作侧渐开线齿廓上任意一点 $m(x, y)$ 的直角坐标系方程为

$$\begin{cases} x_m = r_b (\cos \varphi_m + \varphi_m \sin \varphi_m) \\ y_m = r_b (-\sin \varphi_m + \varphi_m \cos \varphi_m) \\ z_m = 0 \end{cases} \tag{3-13}$$

式中:设

$$r_b = r \cos \alpha_c \tag{3-14}$$

为便于计算,我们转换渐开线坐标系,把基圆几何中心作为坐标原点, y 轴正方向为圆心与分度圆齿厚中点的连线方向,转换坐标系如图 3-3 所示,那么点 k 的方程可表示为

$$\begin{cases} x_k = r_k \sin t \\ y_k = r_k \cos t \\ z_k = 0 \end{cases} \tag{3-15}$$

式中: t 为 y 轴与 k 点向径的夹角。

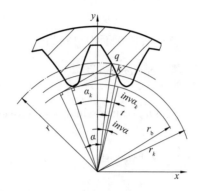

图 3-3　转换坐标系

设 q 点到 y 轴的弧长为 S_c,则有

$$S_c = r[t - (inv\alpha - inv\alpha_k)] \tag{3-16}$$

可得

$$t = \frac{\pi}{2z} - inv\alpha_k + inv\alpha \tag{3-17}$$

代入式(3-15),可得 k 点的坐标为

$$\begin{cases} x_k = \dfrac{r_b}{\cos\alpha_k}\sin(\dfrac{\pi}{2z} + inv\alpha - inv\alpha_k) \\[3mm] y_k = \dfrac{r_b}{\cos\alpha_k}\cos(\dfrac{\pi}{2z} + inv\alpha - inv\alpha_k) \\[3mm] z_k = 0 \end{cases} \tag{3-18}$$

将齿廓渐开线部分延伸到齿顶圆,故压力角最大值应为齿顶圆压力角;由于过渡曲线的存在,渐开线并非起于基圆,假设齿廓渐开线部分与齿根过渡曲线的接点(相切点)为点 A,则

$$\begin{cases} \alpha_A = \arctan(\tan\alpha - \dfrac{4h_a^*}{z\sin(2\alpha)}) \\[3mm] r_A = \dfrac{mz\cos\alpha}{2\cos\alpha_A} \end{cases} \tag{3-19}$$

式中:m 为模数;h_a^* 为齿顶高。故压力角 α_k 的变化范围为 (α_A, α_a)。

3.1.1.2　齿根过渡曲线方程建立

在用齿条型刀具加工非对称斜齿轮时,不考虑变位,齿条节线与被加工齿轮的节圆相切,齿轮齿面部分由刀具齿面切出,齿轮过渡曲线部分由刀具圆角切出。

在工业生产中,常见的齿轮加工方法有两种。一是采用齿条型刀具加工,若刀具顶端有两个圆角,过渡曲线如图 3-4(a)所示;若刀具顶端具有一个圆角,过渡曲线如图 3-4(b)所示。二是采用齿轮型刀具加工,若刀具顶端有两个圆角,过渡曲线如图 3-4(a)所示;若刀具顶端有一个圆角,过渡曲线如图 3-4(b)所示。

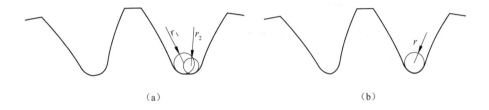

（a）　　　　　　　　　　　　　　　　（b）

图 3-4　齿根过渡曲线

以用齿条型刀具加工非对称斜齿轮为例,加工图 3-4(a)所示的非对称渐开线齿轮的齿根过渡曲线。因为现有的刀具不能加工非对称齿轮,所以需要设计非对称齿轮的专用加工刀具。图 3-5 为非对称双圆角齿条刀具的示意图,图中的工作侧参数为

$$a_{\mathrm{d}} = h_{\mathrm{a}}^* m + c^* m - \rho_{\mathrm{d}} \tag{3-20}$$

$$\rho_{\mathrm{d}} = \frac{c^* m}{1 - \sin \alpha_{\mathrm{d}}} \tag{3-21}$$

$$b_{\mathrm{d}} = \frac{\pi m}{4} + h_{\mathrm{a}}^* m \tan \alpha_{\mathrm{d}} + \rho_{\mathrm{d}} \cos \alpha_{\mathrm{d}} \tag{3-22}$$

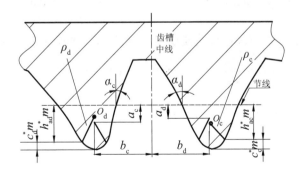

图 3-5　非对称双圆角齿条刀具

相应地,非工作侧齿条刀具的参数 ρ_c、a_c、b_c 也可以求出,此处不再赘述。

加工过程中,齿条刀具节线与轮齿节线始终相切,假设工作侧齿根过渡曲线上任一点的直角坐标系坐标为 $P(x,y)$,建立图 3-3 所示坐标系。图 3-6 为刀具加工初始位置的坐标,图 3-7 为刀具加工转过 θ 角度的位置坐标。利用几何关系可得

$$\begin{cases} x = r\sin\theta - (\dfrac{a_d}{\sin\alpha_P} + \rho_d)\cos(\alpha_P - \theta) \\ y = r\cos\theta - (\dfrac{a_d}{\sin\alpha_P} + \rho_d)\sin(\alpha_P - \theta) \\ z = 0 \end{cases} \tag{3-23}$$

$$\theta = \frac{a_d}{r\tan\alpha_P} + \frac{b_d}{r} \tag{3-24}$$

式中:参数 α_P 的取值范围为 $(\alpha_c, 90°)$。

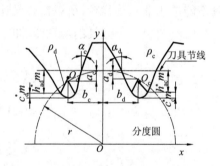

图 3-6　刀具加工初始位置

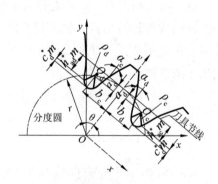

图 3-7　刀具加工中某一位置

同理得出非工作侧齿根过渡曲线上一点 $T(x,y)$ 的坐标方程为

$$\begin{cases} x = -r\sin\theta + (\dfrac{a_c}{\sin\alpha_T} + \rho_c)\cos(\alpha_T - \theta) \\ y = r\cos\theta - (\dfrac{a_c}{\sin\alpha_T} + \rho_c)\sin(\alpha_T - \theta) \\ z = 0 \end{cases} \tag{3-25}$$

$$\theta = \frac{a_c}{r\tan\alpha_T} + \frac{b_c}{r} \tag{3-26}$$

式中：参数 α_T 的取值范围为 $(\alpha_d, 90°)$。

通过上述方程推导，可得到非对称渐开线斜齿轮的端面齿廓方程。

渐开线部分工作侧的齿廓方程为

$$\begin{cases} x = \dfrac{r_{bd}}{\cos\alpha_k}\sin(\dfrac{\pi}{2z} + inv\alpha_d - inv\alpha_k) \\[3mm] y = \dfrac{r_{bd}}{\cos\alpha_k}\cos(\dfrac{\pi}{2z} + inv\alpha_d - inv\alpha_k) \\[3mm] z = 0 \end{cases} \tag{3-27}$$

压力角 α_k 的取值范围为 $(\alpha_{Ad}, \alpha_{ad})$。

渐开线部分非工作侧的齿廓方程为

$$\begin{cases} x = -\dfrac{r_{bc}}{\cos\alpha_m}\sin(\dfrac{\pi}{2z} + inv\alpha_c - inv\alpha_m) \\[3mm] y = \dfrac{r_{bc}}{\cos\alpha_m}\cos(\dfrac{\pi}{2z} + inv\alpha_c - inv\alpha_m) \\[3mm] z = 0 \end{cases} \tag{3-28}$$

压力角 α_m 的取值范围为 $(\alpha_{Ac}, \alpha_{ac})$。

齿根过渡曲线部分工作侧的齿廓方程为

$$\begin{cases} x = r\sin\theta - (\dfrac{a_d}{\sin\alpha_P} + \rho_d)\cos(\alpha_P - \theta) \\[3mm] y = r\cos\theta - (\dfrac{a_d}{\sin\alpha_P} + \rho_d)\sin(\alpha_P - \theta) \\[3mm] z = 0 \end{cases} \tag{3-29}$$

参数 α_P 的取值范围为 $(\alpha_d, 90°)$。

齿根过渡曲线部分非工作侧的齿廓方程为

$$\begin{cases} x = -r\sin\theta + (\dfrac{a_c}{\sin\alpha_T} + \rho_c)\cos(\alpha_T - \theta) \\[3mm] y = r\cos\theta - (\dfrac{a_c}{\sin\alpha_T} + \rho_c)\sin(\alpha_T - \theta) \\[3mm] z = 0 \end{cases} \tag{3-30}$$

参数 α_T 的取值范围为 $(\alpha_c, 90°)$。

3.1.1.3　螺旋曲面方程建立

如图 3-8 所示,假设点 $M(x_0, y_0, z_0)$ 为空间坐标系 $Oxyz$ 中某一点,当它沿 z 轴做螺旋运动,就会形成一条螺旋线。过点 M 建立 z 轴的垂直平面,该平面与 z 轴的交点为 O_1,以 O_1M 为 x_1 轴方向,以 z 轴为 z_1 轴,得到一直角坐标系 $O_1x_1y_1z_1$,在此坐标系中,通过 M 点的螺旋线方程为

$$\begin{cases} x_1 = \overline{|O_1M|}\cos\mu \\ y_1 = \overline{|O_1M|}\sin\mu \\ z_1 = \dfrac{h}{2\pi}\mu \end{cases} \tag{3-31}$$

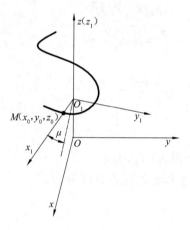

图 3-8　螺旋线

将 $O_1x_1y_1z_1$ 与 $Oxyz$ 进行坐标变换,可得在 $Oxyz$ 坐标系中的螺旋线方程为

$$\begin{cases} X = x\cos\mu - y\sin\mu \\ Y = x\sin\mu - y\cos\mu \\ Z = z + \dfrac{h}{2\pi}\mu \end{cases} \tag{3-32}$$

非对称渐开线斜齿轮的端面齿廓绕着基圆柱轴线做螺旋运动,齿廓渐开线曲线部分、齿根过渡曲线部分将形成螺旋曲面。

以工作侧渐开线齿廓为例,将对应于工作侧渐开线部分的方程代入螺旋线方程即可得到工作侧渐开线齿廓螺旋线的方程为

$$\begin{cases} X = \left[\dfrac{r_{bd}}{\cos\alpha_k}\sin\left(\dfrac{\pi}{2z}+inv\alpha_d-inv\alpha_k\right)\right]\cos\mu - \left[\dfrac{r_{bd}}{\cos\alpha_k}\cos\left(\dfrac{\pi}{2z}+inv\alpha_d-inv\alpha_k\right)\right]\sin\mu \\[3mm] Y = \left[\dfrac{r_{bd}}{\cos\alpha_k}\sin\left(\dfrac{\pi}{2z}+inv\alpha_d-inv\alpha_k\right)\right]\sin\mu + \left[\dfrac{r_{bd}}{\cos\alpha_k}\cos\left(\dfrac{\pi}{2z}+inv\alpha_d-inv\alpha_k\right)\right]\cos\mu \\[3mm] Z = \dfrac{h}{2\pi}\mu \end{cases}$$

$$(3\text{-}33)$$

经过化简可表示为

$$\begin{cases} X = \dfrac{r_{bd}}{\cos\alpha_k}\sin\left[\dfrac{\pi}{2z}-\tan\alpha_k-\alpha_d+\tan\alpha_d+\alpha_k-\mu\right] \\[3mm] Y = \dfrac{r_{bd}}{\cos\alpha_k}\cos\left[\dfrac{\pi}{2z}-\tan\alpha_k-\alpha_d+\tan\alpha_d+\alpha_k-\mu\right] \\[3mm] Z = \dfrac{h}{2\pi}\mu \end{cases}$$

$$(3\text{-}34)$$

将非工作侧渐开线部分的方程代入螺旋线方程可得非工作侧渐开线齿廓螺旋线方程为

$$\begin{cases} X = -\dfrac{r_{bc}}{\cos\alpha_k}\sin\left[\dfrac{\pi}{2z}-\tan\alpha_k-\alpha_c+\tan\alpha_c+\alpha_k+\mu\right] \\[3mm] Y = \dfrac{r_{bc}}{\cos\alpha_k}\cos\left[\dfrac{\pi}{2z}-\tan\alpha_k-\alpha_c+\tan\alpha_c+\alpha_k+\mu\right] \\[3mm] Z = \dfrac{h}{2\pi}\mu \end{cases}$$

$$(3\text{-}35)$$

将工作侧齿根过渡曲线方程代入螺旋线方程可得工作侧齿根过渡曲线螺旋线方程为

$$\begin{cases} X = r\sin(\theta+\mu)-\left(\dfrac{a_d}{\sin\alpha_P}+\rho_d\right)\cos(\alpha_P-\theta-\mu) \\[3mm] Y = r\cos(\theta+\mu)-\left(\dfrac{a_d}{\sin\alpha_P}+\rho_d\right)\sin(\alpha_P-\theta-\mu) \\[3mm] Z = \dfrac{h}{2\pi}\mu \end{cases}$$

$$(3\text{-}36)$$

将非工作侧齿根过渡曲线方程代入螺旋线方程可得非工作侧齿根过渡曲线螺旋方程为

$$\begin{cases} X = -r\sin(\theta - \mu) + (\dfrac{a_c}{\sin\alpha_T} + \rho_c)\cos(\alpha_T - \theta + \mu) \\[2mm] Y = r\cos(\theta - \mu) - (\dfrac{a_c}{\sin\alpha_T} + \rho_c)\sin(\alpha_T - \theta + \mu) \\[2mm] Z = \dfrac{h}{2\pi}\mu \end{cases}$$　　　　（3-37）

若 θ 为常数，则表示曲面上的螺旋线具有相同的导程 h 和不同的螺旋角 β，其螺旋角为

$$\beta = \arctan(\frac{2\pi r}{h})$$　　　　（3-38）

式中，r 表示某点到旋转中心的距离，r 越大，β 就越大。

若 μ 为常数，则表示不同位置的渐开线族。螺旋曲面就是由渐开线族组成的。

3.1.1.4　非对称渐开线斜齿轮模型构建

在上一小节中，建立了非对称渐开线斜齿圆柱齿轮的数学模型，可利用这些模型进行三维建模，为后面的齿数与压力角分析奠定模型基础。根据表 3-1 中列出的斜齿轮的基本参数，在 SolidWorks 中建立渐开线斜齿圆柱齿轮模型，如图 3-9、图 3-10 所示。

表 3-1　斜齿轮模型基本参数

齿轮类型	m_n(mm)	z	α_{nd}(°)	α_{nc}(°)	β(°)	B(mm)
常规斜齿轮	3	40	20	20	8	35
非对称斜齿轮	3	40	35	20	8	35

注：下标 d 和 c 分别表示工作侧和非工作侧；下标 n 表示法面。

图 3-9　常规渐开线斜齿轮模型

图 3-10　非对称渐开线斜齿轮模型

3.1.2　极限压力角与极限齿数分析

非对称齿轮工作侧压力角增大后使齿根部位变厚的同时也会导致齿顶圆处变薄，减弱齿顶部位的承载能力，所以要合理增大工作侧压力角。故对非对称渐开线斜齿轮齿顶变尖现象进行分析，取法向模数为 3.0，螺旋角为 8°，一侧压力角为 20°，由非对称齿轮的齿形结构可推导出齿顶圆上的弧齿厚为

$$s_a = r_a \left(\frac{s}{r} - (inv\alpha_{ad} - inv\alpha_d + inv\alpha_{ac} - inv\alpha_c) \right) \tag{3-39}$$

工程上要求齿顶圆弧齿厚应不小于 $0.25m_t$（m_t 为模数），由 $s_a > 0.25m_t$ 可得如图 3-11 所示的曲线。在齿轮加工过程中，斜齿轮与直齿轮一样会产生根切现象，根切理论对斜齿轮同样成立，所以在斜齿轮的端面方向上分析斜齿轮的最少齿数。根据式（3-40），可得非对称渐开线斜齿轮不产生跟切现象的最少齿数，如图 3-12 所示。

$$z_{min} = \frac{2h_{at}^*}{\sin^2 \alpha_t} \tag{3-40}$$

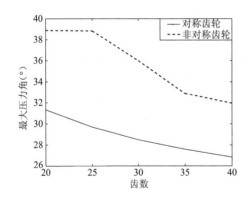

图 3-11　最大压力角与齿数关系

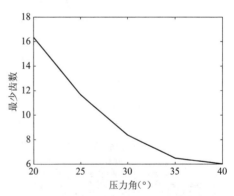

图 3-12　最少齿数与压力角关系

由图 3-11 和图 3-12 可知，不管是非对称齿轮还是对称齿轮，极限压力角的取值范围与模数无关，在相同齿数下，非对称齿轮的压力角极限值大于对称齿轮压力角的极限值；对于轮齿根切现象的最少齿数同样如此，根切的最少齿数随着压力角的增大而减小，大压力角侧可以实现的更少的齿数条件下不发生根切现象，这也说明大压力角齿轮的齿数选择范围更广。

3.1.3　齿面接触强度分析

利用 SolidWorks 与 ANSYS Workbench 软件的接口,将生成的三维模型导入计算机辅助工程(Computer Aided Engineering, CAE)软件中,运用自动网格划分功能划分网格,然后施加约束条件,进行路径设置和坐标定位,得到的计算结果如图 3-13、图 3-14 所示。

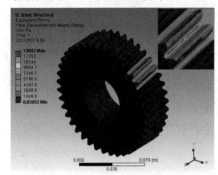

图 3-13　常规斜齿轮应力云图　　　　图 3-14　非对称斜齿轮应力云图

应力云图显示,齿廓上的受力是非常复杂的。对受力的轮齿面分析发现,非对称齿轮的最大接触应力为 11 635 Pa,其小于常规齿轮的接触应力最大值,大约减小了 16%;常规齿轮的最大应力出现在整个齿根处,而非对称齿轮的最大应力出现在压力角较大的齿根一侧,这样增强了非对称齿轮的齿根弯曲疲劳强度。为了更清楚地反映非对称齿廓的优越性,沿尺宽方向绘制应力分析曲线,如图 3-15(a)、(b)和图 3-16(a)、(b)所示。沿尺宽方向来看,常规齿轮左右受力相似,由于受位移的影响,所以基本符合常规斜齿轮的受力过程;非对称斜齿轮则左右受力完全不对称,这与其压力角左右不同有关,也基本符合受力过程。

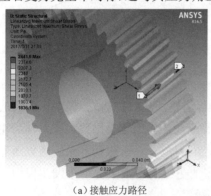
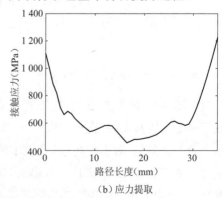

（a）接触应力路径　　　　　　　　　（b）应力提取

图 3-15　常规齿轮的应力分析

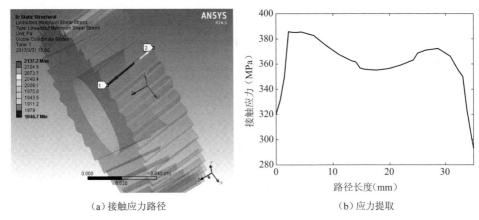

（a）接触应力路径　　　　　　　　（b）应力提取

图 3-16　非对称齿轮的应力分析

3.2　非对称渐开线内齿圈设计

3.2.1　非对称渐开线斜齿内齿轮设计方法

3.2.1.1　非对称渐开线斜齿内齿轮参数计算

内齿轮齿廓和外齿轮齿廓一样，也是渐开线齿廓，且基圆内无渐开线。因此设计内齿轮时，须使齿顶圆半径大于轮齿基圆半径，否则齿顶部分将不再是渐开线。经过方程推导，可知最小齿数 $z_{min}=2\times h_{ab}^*\times\cos\beta/(1-\cos\alpha_n)$。取非对称斜齿内齿轮螺旋角 $\beta=8°$。当 $\alpha=20°$ 时，$h_{at}^*=1.0$，$z\geqslant34$；$\alpha=35°$ 时，$h_{at}^*=1.166$，$z\geqslant13$。非对称内齿轮的基本计算参数与公式见表 3-2。

表 3-2　内齿轮端面齿廓基本计算参数与公式

端面参数	工作侧	非工作侧
压力角 α_t	35.34°	20.20°
齿顶高系数 h_{at}^*	1.15	0.99
顶隙系数 c_t^*	0.083	0.248
模数 m_t（mm）	3.03	3.03
螺旋角 β	8°	8°
齿数 z	60	60

续表

端面参数	工作侧	非工作侧
基圆直径 d（mm）	$d = m_t z$	$d = m_t z$
齿顶高 h_{at}（mm）	$h_{at} = h_{at}^* m_t$	$h_{at} = h_{at}^* m_t$
齿根高 c_t（mm）	$c_t = c_t^* m_t$	$c_t = c_t^* m_t$
齿顶圆直径 d_a（mm）	$d_a = d - 2 h_{at}^* m_t$	$d_a = d - 2 h_{at}^* m_t$
齿根圆直径 d_f（mm）	$d_f = d + 2(h_{at}^* + c_t^*) m_t$	$d_f = d + 2(h_{at}^* + c_t^*) m_t$
齿厚 s（mm）	$s = \pi m_t / 2$	$s = \pi m_t / 2$
基圆直径 d_b（mm）	$d_b = d \cos \alpha_t$	$d_b = d \cos \alpha_t$

注：下标 t 表示端面。

3.2.1.2　齿面渐开线方程建立

由图 3-2 可知，当直线 Bk 沿基圆做纯滚动时，直线上某点 $k(x, y)$ 的轨迹 Ak 即为基圆的渐开线。基圆半径用 r_b 表示；直线 Bk 即为发生线；θ 即为 k 点的展角。设 r_k 为渐开线在点 k 的向径，当渐开线与其共轭齿廓在 k 点啮合时，该点的法线方向与该点的速度方向之间的角度 α 为该点的压力角。

因为内啮合齿轮与外啮合齿轮的啮合原理是相同的，所以由 3.1.1.1 节中的步骤得到点 k 的坐标方程。

齿廓压力角最大值为

$$\alpha_{max} = \arccos\left(\frac{r \cos \alpha}{r_a}\right) \tag{3-41}$$

齿廓压力角最小值为

$$\alpha_{min} = \arccos\left(\frac{r \cos \alpha}{r_f}\right) \tag{3-42}$$

所以，非对称渐开线斜齿内齿轮的压力角范围为 $(\alpha_{min}, \alpha_{max})$。

3.2.1.3　非对称渐开线斜齿内齿轮模型构建

根据表 3-3 中列出的斜齿内齿轮的基本参数，在 SolidWorks 软件中建立常规斜齿内齿轮模型和非对称斜齿内齿轮模型，分别如图 3-17 和图 3-18 所示。

图 3-17　常规斜齿内齿轮模型

图 3-18　非对称斜齿内齿轮模型

表 3-3　斜齿内齿轮模型基本参数

齿轮	m_n (mm)	z	α_{nd} (°)	α_{nc} (°)	B (mm)
常规斜齿内齿轮	3	60	20	20	50
非对称斜齿内齿轮	3	60	35	20	50

3.2.2　插齿刀齿廓方程建立

由渐开线斜齿内齿轮齿廓方程可分别列出斜齿内齿轮工作侧和非工作侧的渐开线方程。

斜齿内齿轮工作侧的渐开线方程为

$$
\begin{cases}
x = \dfrac{r_b}{\cos\alpha_k}\sin\left(\dfrac{\pi}{2z} + inv\alpha_d - inv\alpha_k\right) \\
y = \dfrac{r_b}{\cos\alpha_k}\cos\left(\dfrac{\pi}{2z} + inv\alpha_d - inv\alpha_k\right) \\
z = 0
\end{cases}
\tag{3-43}
$$

式中，α_d 的取值范围为 $(\alpha_{dmin}, \alpha_{dmax})$。

斜齿内齿轮非工作侧的渐开线方程为

$$
\begin{cases}
x = \dfrac{r_b}{\cos\alpha_m}\sin\left(\dfrac{\pi}{2z} + inv\alpha_c - inv\alpha_m\right) \\
y = \dfrac{r_b}{\cos\alpha_m}\cos\left(\dfrac{\pi}{2z} + inv\alpha_c - inv\alpha_m\right) \\
z = 0
\end{cases}
\tag{3-44}
$$

式中，α_c 的取值范围为 $(\alpha_{cmin}, \alpha_{cmax})$。

对于平面啮合齿轮传动，传动比恒定，确定共轭齿廓可用"齿廓法线法"。根据齿轮啮合原理，可以建立接触点在齿廓上的位置与齿轮转角的关系。

以斜齿内齿轮轴心为原点建立动坐标系 $O_1 x_1 y_1$，AA' 为动坐标系 $O_1 x_1 y_1$ 中的啮合线，P 点为定坐标系中的啮合节点，M 点为定坐标系中的接触点。当齿轮转过 θ_1（θ_1'），接触点由 M 变为 M_1（M_1'），结合图 3-19 可得：

$$\theta_1 = \frac{\pi}{2} - (\gamma + \varphi) \tag{3-45}$$

式中，γ 表示齿廓在 M_1 点处的切线与水平轴的夹角。

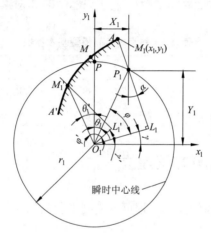

图 3-19　接触点位置与齿轮转角 θ_1 关系

当给出齿廓方程时，γ 角也会随之移动，经过推导可得：

$$\cos\varphi = \frac{x_1 \cos\gamma + y_1 \sin\gamma}{r_1} \tag{3-46}$$

结合图 3-20 可得接触点在齿廓上的位置 (x_1, y_1) 与齿轮转角之间的关系为

$$\begin{cases} \cos\varphi = \dfrac{x_1 \cos\gamma + y_1 \sin\gamma}{r_1} \\[2mm] \theta_1 = \dfrac{\pi}{2} - (\gamma + \varphi) \end{cases} \tag{3-47}$$

式中：$\varphi = \alpha_1$；$\theta_1 = t$；$\gamma = \varphi_k$。

式（3-47）是齿廓啮合线 AA' 上 M_1 成为啮合点的条件。由于 M_1 点位置不固定，故式（3-47）也是 AA' 上的点成为接触点的条件方程。把接触点的坐标变换，得到接触点在动坐标中的位置，也就能得到已知齿廓的共轭齿廓。

因为式（3-43）、式（3-44）为非对称斜齿内齿轮固定坐标系的曲线方程，故不用再建立 $O_1x_1y_1$ 动态坐标系。根据威利斯（Willis）定理，建立图 3-21 所示的转换坐标系，Oxy 为固定坐标系、$O_2x_2y_2$ 为插齿刀坐标系。以工作侧渐开线上的 k 点为例，斜齿内齿轮啮合曲线方程为

$$\begin{cases} x_1 = \dfrac{r_b}{\cos\alpha_k}\sin\left(\dfrac{\pi}{2z} + inv\alpha_d - inv\alpha_k\right) \\[3mm] y_1 = \dfrac{r_b}{\cos\alpha_k}\cos\left(\dfrac{\pi}{2z} + inv\alpha_d - inv\alpha_k\right) \end{cases} \tag{3-48}$$

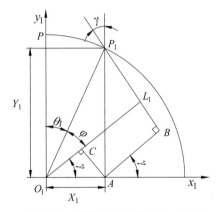

图 3-20　接触点与齿轮转角 φ 关系

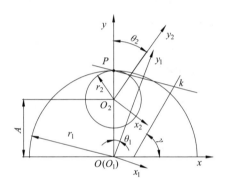

图 3-21　Oxy 与 $O_1x_1y_1$ 转换坐标系

由 Oxy 到 $O_2x_2y_2$ 的坐标变换方程为

$$\begin{cases} x_2 = x_1\cos(\theta_1 - \theta_2) - y_1\sin(\theta_1 - \theta_2) + A\sin\theta_2 \\ y_2 = x_1\sin(\theta_1 - \theta_2) + y_1\cos(\theta_1 - \theta_2) - A\cos\theta_2 \\ \theta_2 = \iota_{21}\theta_1 \end{cases} \tag{3-49}$$

式中，$A = r_1 - r_2$。

综合求解式（3-17）、式（3-48）和式（3-49），可得插齿刀的轮廓方程为

$$\begin{cases} x_2 = \dfrac{r_b}{\cos\alpha_k}\sin\left(\dfrac{\pi}{2z} + inv\alpha - inv\alpha_k\right)\cos\theta_2 - \dfrac{r_b}{\cos\alpha_k}\cos\left(\dfrac{\pi}{2z} + inv\alpha - inv\alpha_k\right)\sin\theta_2 + (r_1 - r_2)\sin\theta_2 \\[3mm] y_2 = \dfrac{r_b}{\cos\alpha_k}\sin\left(\dfrac{\pi}{2z} + inv\alpha - inv\alpha_k\right)\sin\theta_2 + \dfrac{r_b}{\cos\alpha_k}\cos\left(\dfrac{\pi}{2z} + inv\alpha - inv\alpha_k\right)\cos\theta_2 - (r_1 - r_2)\cos\theta_2 \\[3mm] \theta_2 = 3\theta_1 = 3t = 3\left(\dfrac{\pi}{2z} + inv\alpha - inv\alpha_k\right) \end{cases} \tag{3-50}$$

化简式（3-50）得到插齿刀的齿廓方程为

$$\begin{cases} x_2 = -\dfrac{r_{\mathrm{b}}}{\cos\alpha_k}\sin(\dfrac{\pi}{2z}+inv\alpha-inv\alpha_k)+(r_1-r_2)\sin(\dfrac{3\pi}{2z}+3inv\alpha-3inv\alpha_k) \\[3mm] y_2 = \dfrac{r_{\mathrm{b}}}{\cos\alpha_k}\cos(\dfrac{\pi}{2z}+inv\alpha-inv\alpha_k)-(r_1-r_2)\cos(\dfrac{3\pi}{2z}+3inv\alpha-3inv\alpha_k) \end{cases}$$

$$(3\text{-}51)$$

3.2.3　极限压力角与变位系数分析

非对称齿轮工作侧压力角增大后,使齿根部位变厚的同时也会导致齿顶圆处变薄,减弱齿顶部位的承载能力,所以要合理增大工作侧压力角,故对非对称渐开线斜齿轮齿顶变尖现象进行分析。以建立的三维模型为基础,取法向模数为 3 mm,工作侧压力角从 20° 增加至 35°,非工作侧压力角为 20°。由非对称斜齿轮齿形结构可知渐开线齿顶圆上的弧齿厚为

$$s_{\mathrm{a}} = r_{\mathrm{a}}(\frac{s}{r}-inv\alpha_{\mathrm{dt}}-inv\alpha_{\mathrm{ct}}) \tag{3-52}$$

工程实际中,要求渐开线齿顶圆弧齿厚应大于 $0.25m_{\mathrm{t}}$(m_{t} 为端面模数),由 $s_{\mathrm{a}} > 0.25m_{\mathrm{t}}$ 得如图 3-22 所示的曲线。

因为,内啮合齿轮与外啮合齿轮的啮合原理、加工特性是相同的。插齿刀在切削过程中也会产生顶切现象(齿顶干涉),可以采用刀具变位加工来消除顶切现象,其公式为

$$\tan\alpha'_{\mathrm{t\,max}} = \frac{2\sqrt{r_{\mathrm{a2}}^2-r_{\mathrm{b2}}^2}}{m_{\mathrm{t}}(z_2-z_0)\cos\alpha_{\mathrm{t}}} \tag{3-53}$$

$$x_{0\mathrm{min}} = x_2 + \frac{(inv\alpha'_{\mathrm{t\,max}}-inv\alpha_{\mathrm{t}})(z_2-z_0)}{2\tan\alpha_{\mathrm{t}}} \tag{3-54}$$

式中:r_{a2} 为内齿轮端面齿顶圆半径;r_{b2} 为内齿轮端面基圆半径;$x_{0\mathrm{min}}$ 为插齿刀变位系数;x_2 为内齿轮的变位系数(本研究中取 0);$\alpha'_{\mathrm{t\,max}}$ 为端面极限压力角;α_{t} 为端面压力角。

仍然采用建立的非对称斜齿内齿轮三维模型,分别求出非对称斜齿内齿轮两侧的最小变位系数,可得到图 3-23 所示的曲线。

分析图 3-22 和图 3-23 中所得的数据可以发现,在相同齿数下,非对称齿轮的压力角极限值大于对称齿轮压力角的极限值;利用插齿刀加工非对称内齿轮的过程中,压力角增大,加工刀具的最小变位系数减小,这可以指导大变位系数

非对称斜齿内齿轮的应用。

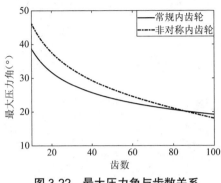

图 3-22　最大压力角与齿数关系

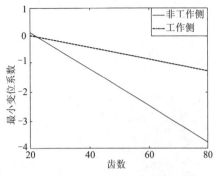

图 3-23　最小变位系数与齿数关系

3.2.4　齿面接触强度分析

将 SolidWorks 生成的对称斜齿内齿轮、非对称斜齿内齿轮模型分别导入 ANSYS Workbench 软件中,运用 Mesh 工具进行网格划分,并施加约束和载荷。采用多组不同压力角组合的斜齿内齿轮模型,进行齿面接触强度分析,并记录各自的工作侧齿廓应力最大值,结果数据见表 3-4。

表 3-4　不同压力角斜齿内齿轮工作侧最大应力值

压力角 α_c/α_d（°）	法向力（kN）	工作侧最大应力值（MPa）	减幅百分比（%）
20/20	100	961.57	0
20/25	100	586.18	39
20/30	100	420.94	56
20/35	100	695.69	27

从图 3-24 所示的应力云图可以看出,在不同压力角下,非对称斜齿轮齿廓的受力是极其复杂的。从两个方面分析不对称内啮合齿轮的强度特性。首先选择圆周截面,找到截面的应力值,如图 3-24 所示;其次分析齿宽方向的应力曲线,如图 3-25 所示。

根据有限元分析结果,非对称斜齿内齿轮工作侧齿根最大应力值起初随着压力角的增大而逐渐减小,当工作侧压力角从 20°增大到 30°时,加载同样大小的

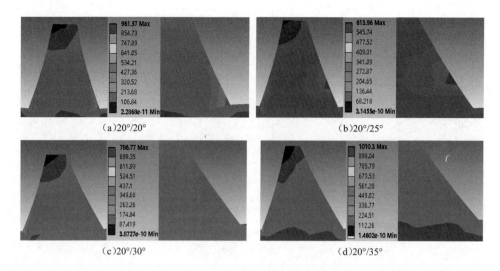

图 3-24　不同压力角下的非对称斜齿内齿轮圆周截面应力云图

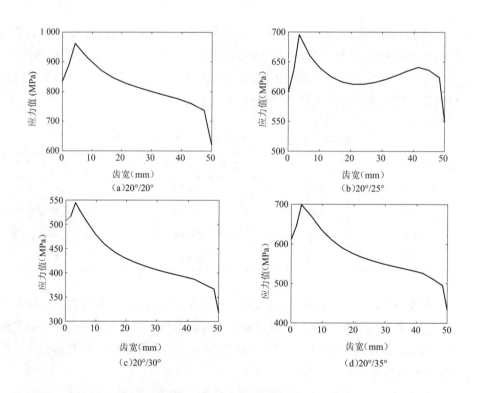

图 3-25　不同压力角下的非对称斜齿内齿轮路径应力曲线

力,工作侧所受最大应力值降低了约56%。但如果压力角继续增大,则轮齿最大应力就会比 30°时的应力值大,但仍比 20°时的应力值小,说明压力角的增大不能是无限制的,它存在一个区间,使工作侧应力值处于最优状态。

3.3　非对称齿轮参数化设计与加工实验

3.3.1　非对称渐开线齿轮参数化设计

在传动系统中,齿轮常采用的齿廓曲线是渐开线,但 SolidWorks 中并没有直接生成渐开线齿轮的相关命令,因此本节研究非对称渐开线齿轮的三维建模方法具有重要的价值,其中不仅可以输入参数直接生成渐开线齿轮,更弥补了齿轮生成过程中压力角无法变化的不足。以 SolidWorks 为二次开发平台,研究齿轮参数化设计方法,运用其二次开发工具,提出基于宏录制的齿轮参数化设计方法,使用 VB 语言编写了非对称齿轮的参数化设计程序,形成了一套非对称齿轮参数化设计方法,缩短了设计周期。

随着制造业的发展,电火花线切割(简称"线切割")在生产加工中的应用越来越广泛,线切割适用于金属材料的各种复杂曲面形状的加工和新产品的制备,根据之前章节中介绍的相关参数计算公式,能够设计出非对称齿轮,进而可采用线切割工艺将其加工出来,以便进行后续的模态分析、强度测试和动力学特性研究。

3.3.1.1　非对称渐开线齿廓方程

如图 3-26 所示,非对称齿轮渐开线分为工作侧渐开线和非工作侧渐开线。由渐开线的形成原理可知,非工作侧渐开线的极坐标方程为

$$\begin{cases} r_k = r_{b1} / \cos\alpha_k \\ \theta_k = \tan\alpha_k - \alpha_k \end{cases} \tag{3-55}$$

工作侧渐开线的极坐标方程为

$$\begin{cases} r_k = r_{b2} / \cos\alpha_k \\ \theta_k = \tan\alpha_k - \alpha_k \end{cases} \tag{3-56}$$

将其转换为直角坐标系后,其非工作侧渐开线坐标表达式为

$$\begin{cases} x_k = r_{b1}\sin t - r_{b1}t\cos t \\ y_k = r_{b1}\cos t + r_{b1}t\sin t \end{cases} \tag{3-57}$$

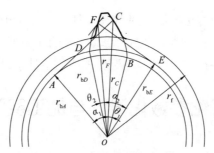

图 3-26　非对称渐开线齿廓

工作侧渐开线坐标表达式为

$$\begin{cases} x_k = -r_{b2}\sin t + r_{b2}t\cos t \\ y_k = r_{b2}\cos t + r_{b2}t\sin t \end{cases} \tag{3-58}$$

另外，根据基圆与齿根圆半径的关系，齿廓曲线的组成可分为两种：当齿数小于 41 时，齿根圆半径小于基圆半径，齿廓曲线由齿顶圆弧、渐开线和过渡曲线组成；当齿数大于 41 齿时，齿根圆大于基圆，因为基圆内无渐开线，故轮齿齿廓由齿顶圆弧、渐开线两部分组成。齿轮齿根圆弧部分的过渡圆角用实体倒圆角命令完成，取 $r=0.38m$。

3.3.1.2　非对称渐开线齿廓建模

对于渐开线而言，使用 VB 编写非对称渐开线齿轮创建程序时，无法调用渐开线命令，另外由于压力角的变化引起的齿轮参数变量较多，使用方程驱动的曲线命令也无法生成齿廓曲线，故采用绘制样条曲线的命令进行创建。在创建样条曲线时，先输入渐开线上的多个自由点，进而拟合生成经过这些点的光滑曲线，即渐开线，如图 3-27 和图 3-28 所示。

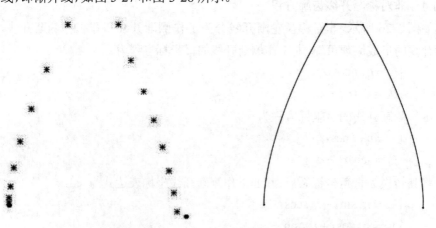

图 3-27　自由点坐标　　　　　　　　**图 3-28　渐开线拟合**

通过渐开线直角坐标方程,可以求出齿顶圆上的最大展角。当齿轮的齿数小于 41 时,具体建模过程:渐开线起于基圆,终于齿顶圆,把这 2 个点对应的半径分别代入式(3-57)可求出展角的最大值与最小值,基圆展角为 0,把渐开线根据展角均分为 7 段,然后将这 8 个展角分别代入渐开线的直角坐标方程得到 8 个点的坐标。这样,就建立了齿廓上的多个自由点,如图 3-27 所示。由于齿数小于 41,故将渐开线起点与齿根圆连接,连接点的坐标由式(3-59)和式(3-60)得到。

$$\theta = \sqrt{(valD \,/\, valD_b)^2 - 1} \tag{3-59}$$

$$\begin{cases} x_1 = 0 \\ y_1 = 0.5D_f \end{cases} \tag{3-60}$$

利用 SketchSpline 命令,将各点按照顺序依次相连,拟合出渐开线,如图 3-28 所示。

非工作侧齿廓建好后,再建立工作侧齿廓。由于两侧压力角不同,不能直接镜像曲线,而是将直角坐标方程中的 x 表达式取反,y 表达式不变,并将渐开线旋转一定的角度 j(角度 j 用来保证齿厚)。旋转角度 j 和工作侧渐开线起点与齿根圆的连接点坐标为

$$\begin{cases} \alpha = \cos\alpha_1 \,/\, \cos\alpha_2 \\ \alpha_3 = Atn(-\alpha \,/\, \sqrt{-\alpha \times \alpha + 1}) + 2Atn(1) \\ s_{b2} = 0.5 \times D_{b1} \times (\dfrac{\pi}{z} + inv\alpha_2 + inv\alpha_1 - inv\alpha_3) \\ j = 2s_{b2} \,/\, D_{b2} \end{cases} \tag{3-61}$$

$$\begin{cases} x_2 = x_1 \cos j + y_1 \sin j \\ y_2 = x_1 \sin j + y_1 \cos j \end{cases} \tag{3-62}$$

当齿数大于 41 时,齿廓部分均为渐开线,t 的最大值为齿顶圆展角度数,t 的最小值为齿根圆展角。其他操作和上述操作相似,此处不再赘述。

3.3.1.3　非对称渐开线齿轮建模

完成渐开线齿廓建模后,利用 CreateArc2 命令,将工作侧齿根圆和非工作侧齿根圆连接起来,最终形成图 3-29 所示的非对称齿廓草图和单齿模型。单齿模型建立完成后,采用阵列命令建立完整轮齿,其操作的难点是基准轴的选取,选取基准轴后进行 CircularPattern2 命令,形成非对称渐开线齿轮全齿,如图 3-30 所示。

生成全齿后进行中心孔的创建,这包括了键槽和孔的生成,注意孔半径与齿轮分度圆半径、键槽宽与中心孔半径等的几何关系,创建出的最终齿轮如图 3-31

所示。

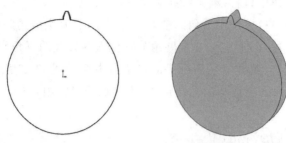

图 3-29　非对称渐开线齿轮单齿

图 3-30　非对称渐开线齿轮全齿模型　　图 3-31　非对称渐开线齿轮模型

3.3.1.4　程序编写

（1）声明和实例化 API 最高层对象

采用宏录制的代码对 Application 对象及其下级对象调用：

　　　　Dim swap As Object

（2）声明和实例化文档文件

　　　　Dim Part As Object

（3）声明对象和变量

　　　　Dim boolstatus As Boolean；

　　　　Dim longstatus As Long；

　　　　Dim featuredata As Object；

　　　　……

这些变量包括模数、齿数、压力角、键槽等输入量，也包括 SolidWorks 内部数据计算时的中间变量、数组定义等，还包括输出显示的几何量。

（4）零件绘制与计算变量

分度圆直径：

$$D = m \times z$$

基圆直径：

$$D_{b1} = m \times z \times \cos\alpha_1$$

$$D_{b2} = m \times z \times \cos\alpha_2$$

齿根圆直径：

$$D_f = m \times (z - 2 \times h - 2 \times c)$$

……

End Sub

至此,参数化建模代码编写完毕,可以进行软件测试,并修复所产生的错误。

3.3.1.5　界面设计

用户界面设计应遵循简洁明了的原则,界面的功能是接收非对称渐开线齿轮的具体参数,包括模数、齿数、工作侧压力角、非工作侧压力角、拉伸厚度、键宽、轴径。该系统以 SolidWorks 为平台进行二次开发,界面设计包括开始界面和齿轮尺寸设计界面。开始界面包括"进入"和"退出"按钮;在齿轮尺寸设计界面,用户可以根据需求选择相应的齿轮类型,包括非对称渐开线直齿轮、斜齿轮、面齿轮、弧齿轮和蜗轮蜗杆等,点击某种齿轮对应的功能区后,系统进入相应齿轮的尺寸设计界面,输入设计参数后,点击"创建齿轮"按钮进行 3D 模型的生成,点击"结束创建"按钮,则退出齿轮尺寸设计界面。点击开始界面上的"退出"按钮,则退出参数化建模系统。开始界面和齿轮尺寸设计界面分别如图 3-32 和图 3-33 所示。

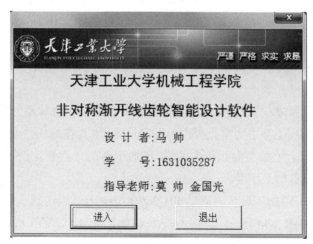

图 3-32　参数化建模系统开始界面

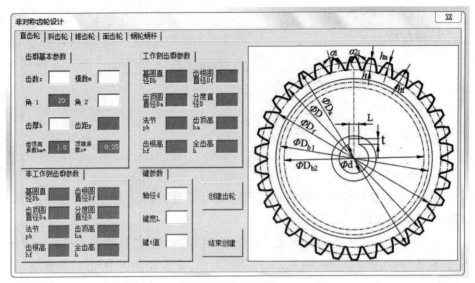

图 3-33　齿轮尺寸设计界面

3.3.2　非对称渐开线齿轮线切割加工实验

3.3.2.1　设备简介

线切割属于电火花加工方法,其利用高速移动的金属丝放电,瞬间产生高温将金属熔化,从而实现金属切割,在其加工过程中几乎不产生切削力,对所加工零件的硬度无特殊要求。线切割加工根据电极丝运动的速度分为快走丝加工、中走丝加工和慢走丝加工。快走丝加工一般用钼丝作为电极丝循环使用,其加工效率相对较高,但精度较低;慢走丝加工则采用铜丝作为电极丝,加工效率较低,但精度较高,一般要切 3~4 次,故加工成本高;中走丝加工介于两者之间。

综合考虑后,本研究选择中走丝线切割用于加工非对称渐开线齿轮。在线切割加工过程中,还会用到穿孔机作为辅助机床,用其在毛坯件上先加工出 2 个细孔,分别用于走丝加工内孔和齿廓,实现加工前的一次性定位,避免多次定位产生的误差,提高加工精度。

本次加工所用加工设备为瑞钧 FH-260B 型中走丝线切割系统,包括控制柜和加工机床,如图 3-34 所示,其基本技术参数见表 3-5。穿孔机设备如图 3-35 所示。

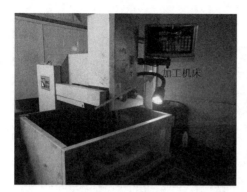

图 3-34 瑞钧 FH-260B 型线切割加工设备

表 3-5 瑞均 FH-260B 型中走丝线切割系统基本技术参数

参数	规格
加工槽内尺寸（宽 × 长）（mm）	450×600
最大工件尺寸（宽 × 长 × 高）（mm）	300×490×200
最大工作物质量（kg）	250
X 轴行程（mm）	260
Y 轴行程（mm）	300
Z 轴行程（mm）	200（电动可调）
辅助轴移动距离（mm）	10×10
切割钼丝直径（mm）	0.10~0.18
多刀切割精度（mm）	$\leqslant \pm 0.005$（15×15 六角对边形，Gr12，S=40）
定位精度（mm）	$\leqslant \pm 0.01$
重复定位精度（mm）	$\leqslant \pm 0.003$
最佳表面结构（μm）	$Ra \leqslant 1.0$
最大切割效率（mm²/min）	150~200
机床外形尺寸（宽 × 长 × 高）（mm）	1 000×1 400×1 750
机床整体质量（kg）	≈1 000
控制柜尺寸（宽 × 长 × 高）（mm）	600×600×1 000
电气总容量（kV•A）	3

图 3-35　穿孔机

3.3.2.2　实验方案与实施

为了研究非对称齿轮的构形的影响,设计了 4 组(共 8 个)齿轮:对称齿轮（20°/20°）；非对称齿轮（20°/25°，20°/30°）；非等模数非等压力角齿轮（m=3.06 mm，α=23°；m=3.25 mm，α=30°）。将非对称齿轮与 20° 压力角的对称齿轮进行对比,其尺寸参数见表 3-6。根据齿轮的直径确定中心孔的直径,从而确定键宽和键长,见表 3-7 所示。

表 3-6　齿轮基本参数　　　　　　　　　　　　（mm）

齿轮编号	模数	齿数	压力角	基圆半径	分度圆半径	齿顶圆半径	齿根圆半径
1	3	29	20°/20°	40.879 26	43.5	46.5	39.75
2	3	29	20°/25°	39.428 45	43.5	46.5	39.75
3	3	29	20°/30°	37.677 88	43.5	46.5	39.75
4	3.06	29	20°/23°	40.846 33	44.37	47.43	40.545
5	3	19	20°/20°	26.782 96	28.5	31.5	24.75
6	3	19	20°/25°	25.832 44	28.5	31.5	24.75
7	3	19	20°/30°	24.685 51	28.5	31.5	24.75
8	3.25	19	20°/30°	26.742 63	30.875	34.125	26.812 5

查阅《机械设计手册》,得到加工过程中的公差等级与表面结构要求,指导实际加工。方案确定后,根据线切割的工艺要求,利用计算机辅助设计（Computer Aided Design, CAD）软件设计出平面图。

线切割加工非对称齿轮的步骤如下。

1）选择 45 号钢,根据图纸尺寸在穿孔机上对 8 个毛坯件进行钻孔处理。

2）启动线切割设备电源,开启控制柜和机床本体,将 CAD 电子图纸导入控制柜中,找准图形中小孔的位置,将其作为钼丝切割的起始点,等待控制系统自动生成线切割加工代码。

3)将毛坯件装夹在机床上,保证钼丝的切入位置和图纸上的位置一致,固定好毛坯并进行穿丝,穿丝完成后进行垂直度测试,保证钼丝在稳态下放电。

4)打开冷却装置和运丝筒,保证合适且通畅的冷却液流速和走丝速度。

5)当上述工作准备完成以后,确认无误后在控制柜界面点击"切割",就进入加工状态,加工流程如图 3-36 所示。

表 3-7　键槽基本参数　　　　　　　　　（mm）

齿轮编号	内孔直径	公差	键宽	公差	键高	公差	深度 t
1	24	+（0.16~0.25）	8	±0.018	7	+0.20	3.3
2	24	+（0.16~0.25）	8	±0.018	7	+0.20	3.3
3	24	+（0.16~0.25）	8	±0.018	7	+0.20	3.3
4	24	+（0.16~0.25）	8	±0.018	7	+0.20	3.3
5	10	+（0.08~0.16）	3	±0.012 5	3	+0.10	1.4
6	10	+（0.08~0.16）	3	±0.012 5	3	+0.10	1.4
7	10	+（0.08~0.16）	3	±0.012 5	3	+0.10	1.4
8	10	+（0.08~0.16）	3	±0.012 5	3	+0.10	1.4

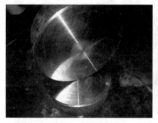
锻造毛坯

加工细孔

装夹工件

生成代码

切割加工

齿轮成品

图 3-36　线切割加工非对称渐开线齿轮流程

3.3.2.3　非对称渐开线齿轮样品

对于锻造的出毛坯件,先对其进行调质处理,以增强材料的韧性和综合承载能力。在线切割加工完成后,还须对齿轮毛坯件进行回火处理,增强其表面硬度,达到"外硬内韧"的效果,便于进行接触强度和弯曲强度的测试。将 8 个齿轮样品编号,如图 3-37 所示。对于等模数非等压力角齿轮而言,实际的齿轮齿廓与理论的齿轮齿廓变化趋势相同,与非工作侧曲线一样,其工作侧曲线随压力角的逐渐变大而倾斜加剧,齿顶圆弧逐渐变薄,但是仍然能够互相啮合转动;对于变模数变压力角的齿轮,其也能与常规齿轮啮合转动,这也证明了齿廓设计的正确性与非对称齿轮啮合理论的合理性。

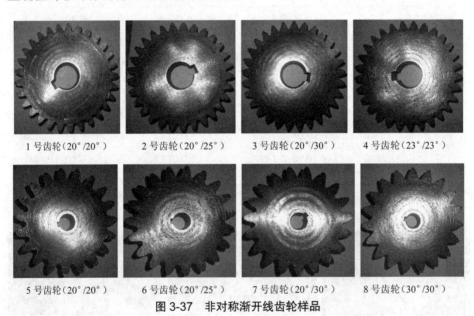

1 号齿轮(20°/20°)　　2 号齿轮(20°/25°)　　3 号齿轮(20°/30°)　　4 号齿轮(23°/23°)

5 号齿轮(20°/20°)　　6 号齿轮(20°/25°)　　7 号齿轮(20°/30°)　　8 号齿轮(30°/30°)

图 3-37　非对称渐开线齿轮样品

3.4　本章小结

非对称渐开线齿轮是一种新型齿廓线齿轮,其本身具备多种优于常规齿轮的性能。对于非对称渐开线齿轮设计,在目前所用的三维软件和齿轮生成插件中难以找到类似的命令语句,无法实现自动化建模。因此,本章针对此问题开发了非对称渐开线齿轮的智能化设计程序,用户只要输入非对称渐开线齿轮的基本参数,程序后台自动生成所需的齿轮。此外,本章中用线切割工艺对设计的非对称渐开线齿轮进行了加工,完成了样品的试制。同样地,在机械工程应用中,内齿轮副具有传动比大、噪声低、磨损小等特点,广泛应用于行星齿轮传动系统中。在现代齿轮传动系统向高强度、高转速发展的趋势下,斜齿内齿轮得到了广泛应用,本章在常规斜齿内齿轮的基础上,设计了一种新型非对称斜齿渐开线内齿轮。下面对本章的研究总结如下。

1)以非对称斜齿圆柱齿轮为研究对象,对其齿廓形成原理进行了详细的阐述。重点分析了非对称斜齿轮端面齿廓的渐开线方程和齿根过渡曲线方程,推导了轴向的螺旋曲面方程。采用齿条形刀具(双圆角类型)设计了非对称刀具齿廓方程,明确了刀具参数和非对称渐开线齿轮参数之间的关系。

2)建立了非对称斜齿圆柱齿轮的三维模型,并以此模型为研究对象,探讨了极限齿数与极限压力角的关系,对齿面接触应力进行了线性化处理。在相同齿数下,非对称渐开线齿轮的压力角极限范围明显大于对称渐开线齿轮的极限范围,非对称渐开线齿轮大压力角侧也减少了根切现象发生的最少齿数。在同样的工况下,非对称齿轮齿面接触应力值小于常规齿轮的应力值,这些都体现出了非对称齿轮在极限值范围方面的优越性能。

3)介绍了用于加工非对称斜齿内齿轮的插齿刀具模型,分析了斜齿轮齿面的形成原理,建立了非对称斜齿渐开线内齿轮的端面齿廓方程,建立了加工非对称斜齿渐开线内齿轮的插齿刀齿廓模型,并通过 SolidWorks 软件建立了非对称斜齿渐开线内齿轮和非对称插齿刀具的三维模型。

4)以非对称斜齿渐开线内齿轮的三维模型为研究对象,分析了齿轮最大压力角与齿数、插齿刀最小变位系数与压力角的关系,并用 ANSYS 软件对常规斜齿渐开线内齿轮进行了受力仿真比较,发现非对称斜齿渐开线内齿轮工作侧最大接触应力值随着压力角的增大逐渐减小,如果压力角继续增大,则应力值又将增大。

5)利用 SolidWorks 软件创建非对称渐开线齿轮模型,并采用宏录制命令保存底层 API 函数于 .SWP 文件中,调用录制好的宏文件,并采用 VB 语言对宏程序进行修改和界面开发,最终运行宏程序完成参数化建模。在宏文件的修改过程中,采用 VB 编程将设计过程的所有关系都包含在程序里,在宏代码中找到设计的量并改为变量,这部分变量的定义过程需要依靠开发者使用 VB 代码自行编写。

6)依据非对称渐开线齿轮齿廓曲线的设计方法,分别建立非对称渐开线齿轮的工作侧和非工作侧渐开线方程,借助 SolidWorks 二次开发平台,采用 VB 语言实现了非对称渐开线齿轮的智能化建模,同时设计出简洁明了的操作界面,提高了设计效率,也推动了非对称渐开线齿轮的工程应用。

7)采用线切割工艺加工非对称齿轮,改善了非标刀具加工非对称渐开线齿轮成本高的现状,同时也获得了线切割加工工艺、热处理工艺等的生产经验。所加工的齿轮为后续的模态分析、弯曲强度和接触强度测试的开展奠定了基础,也为非对称渐开线齿轮的实际应用提供了可能性,显示了非对称渐开线齿轮应用的工程性。

第4章　非对称齿轮副复合弯曲强度理论

4.1　摩擦力作用下的非对称齿轮弯曲应力模型

4.1.1　非对称齿轮承载模型

对于常规齿轮，采用 30° 切线法确定危险截面，如图 4-1（a）所示，$O'O$ 为分度圆中心线，AB 为危险截面。但是非对称齿轮齿廓两侧压力角不同，齿根危险截面位置无法用传统的 30° 切线法来确定，可能一侧为 30°，另一侧为 45°，如图 4-1（b）所示。因此，在构建非对称齿轮复合弯曲应力受载模型时，采用平截面法，建立一系列垂直于轮齿中线的平截面，并假设载荷作用于单齿啮合区上界点，计算出各截面的应力值，取齿根最大弯曲应力值的截面为危险截面。

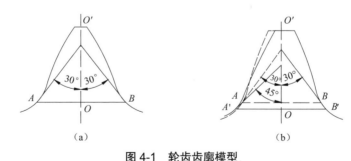

图 4-1　轮齿齿廓模型

图 4-2 为非对称直齿轮的单齿受载模型。其中，法向载荷 F_n 与轮齿在单齿啮合区上界点 A 处啮合，载荷 F_n 延长线和轮齿分度圆中线交于 T 点。考虑到轮齿间存在摩擦力，在 A 点处轮齿受到法向载荷 F_n 和摩擦力 F_f，载荷角为 γ，F_n 沿啮合线方向，F_f 沿轮齿表面 A 点的切线方向，与轮齿分度圆中心线交于

点 M。法向载荷 F_n 由水平分力 $F_n\cos\gamma$ 和竖直分力 $F_n\sin\gamma$ 组成，$F_n\cos\gamma$ 产生弯曲拉应力和切应力，$F_n\sin\gamma$ 产生压应力。计算非对称齿轮齿根复合弯曲应力时，需要计算水平分力引起的弯曲拉应力、切应力及竖直分力引起的压应力。点 M 与点 T 的距离为 h，点 T 与齿根任意截面 XY 之间的距离为 h_F。任意截面的长度为 s_F，其中齿根工作侧部分截面长度为 s_c，非工作侧部分截面长度为 s_d。f 为摩擦系数。另外，还要添加其他相关系数，来描述载荷分布不均、应力集中等的影响。

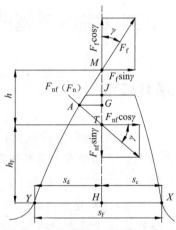

图 4-2　非对称轮齿单齿受力模型

4.1.2　非对称齿轮摩擦力应力因子

假设轮齿为一悬臂梁，全部载荷作用在非对称齿轮轮齿的单齿啮合区上界点，则齿根弯曲应力计算公式为

$$\sigma_n = \frac{M_n}{W} \tag{4-1}$$

$$\sigma_{nf} = \frac{M_{nf}}{W} \tag{4-2}$$

$$M_n = F_n h_F \cos\gamma \tag{4-3}$$

$$M_{nf} = F_{nf} h_F \cos\gamma + F_f (h_F + h)\sin\gamma \tag{4-4}$$

$$F_f = f F_{nf} \tag{4-5}$$

式中：σ_n 为不考虑摩擦力作用下的齿根截面弯曲应力；σ_{nf} 为考虑摩擦力作用下

的齿根截面弯曲应力;F_n 为不考虑摩擦力作用下的法向载荷;F_{nf} 为考虑摩擦力作用下的法向载荷;M_n 为不考虑摩擦力作用下的齿根截面受到的弯矩;M_{nf} 为考虑摩擦力作用下的齿根截面受到的弯矩;W 为齿根任意截面的抗弯截面系数。

将式(4-5)代入式(4-4)整理得

$$M_{nf} = F_{nf} h_F \cos\gamma \left[1 + f\left(1 + \frac{h}{h_F}\right) \tan\gamma \right] \tag{4-6}$$

用摩擦力应力因子 f_σ 来表示摩擦力对齿根复合弯曲应力的影响,并定义其计算方法为

$$f_\sigma = \frac{\sigma_{nf}}{\sigma_n} = \frac{F_{nf}}{F_n} \left[1 + f\left(1 + \frac{h}{h_F}\right) \tan\gamma \right] \tag{4-7}$$

4.1.2.1　法向载荷

图 4-3 和图 4-4 分别表示非对称齿轮在 A 点的受力模型和参数计算示意图。非对称齿轮工作侧压力角为 α_d,非工作侧压力角为 α_c,啮合点处压力角为 α_A,齿顶圆压力角为 α_{a1},r_{db} 表示工作侧齿廓渐开线基圆半径,r_{cb} 表示非工作侧齿廓渐开线基圆半径,N_1N_2 为极限啮合线长度,B_1B_2 为实际啮合线长度,齿轮 1 为非对称齿轮传动中的主动轮,齿轮 2 为非对称齿轮传动中的从动轮。

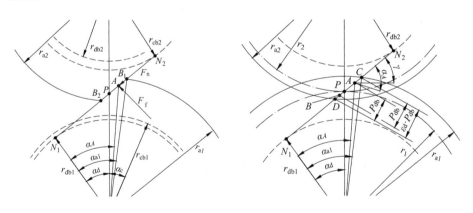

图 4-3　A 点啮合受力　　　　　　图 4-4　非对称轮齿参数计算

假设输入扭矩为 T,摩擦力为 F_f,齿轮 1 在 A 点啮合时受到的法向载荷为 F_{nf},则有

$$\overline{N_1 A} = r_{db} \tan\alpha_A \tag{4-8}$$

$$r_{db} = \frac{mz}{2}\cos\alpha_d \tag{4-9}$$

式中：m 为模数，z 为齿数。由力的平衡条件可得

$$T = F_{nf}r_{db} + F_f\overline{N_1A} \tag{4-10}$$

将式（4-5）、式（4-8）代入式（4-10）中可得

$$T = F_{nf}r_{db} + fF_{nf}r_{db}\tan\alpha_A \tag{4-11}$$

根据式（4-11）可求出 F_{nf} 的表达式为

$$F_{nf} = \frac{T}{r_{db}(1 + f\tan\alpha_A)} = \frac{2T}{mz\cos\alpha_d(1 + f\tan\alpha_A)} \tag{4-12}$$

不考虑摩擦力 F_f 情况下，法向载荷为

$$F_n = \frac{2T}{mz\cos\alpha_d} \tag{4-13}$$

4.1.2.2　载荷角

A 为非对称齿轮单齿啮合区上界点，沿 A 点切线方向与非对称齿廓分度圆中线交于 M 点。由于延伸渐开线与齿廓中线的交点与 M 点很接近，故可以简化计算，令 M 点为非对称齿轮工作侧齿廓渐开线上一点，则 M 点、A 点所对应的压力角分别为 α_{dM}、α_A。如图 4-5 所示，由于 $PA \perp AO$，故

$$\beta = \frac{\pi}{2} - \alpha_A \tag{4-14}$$

过 T 点使 $TQ \mathbin{/\mkern-5mu/} AO$，则

$$\gamma = \frac{\pi}{2} - \beta - \delta \tag{4-15}$$

由渐开线函数可得

$$\delta = inv\alpha_{dM} - inv\alpha_A \tag{4-16}$$

综合求解式（4-14）、式（4-15）、式（4-16）可得

$$\gamma = \tan\alpha_A - inv\alpha_{dM} \tag{4-17}$$

非对称齿轮渐开线上任意圆工作侧齿厚的计算公式为

$$s_{dk} = \frac{s}{2} \cdot \frac{r_{dk}}{r} - r_k(inv\alpha_{dk} - inv\alpha_d) \tag{4-18}$$

$$s_{dM} = 0 \tag{4-19}$$

s 表示轮齿分度圆齿厚，$s = \pi m/2$，综合求解式（4-18）和式（4-19）可得

$$inv\alpha_{dM} = \frac{\pi}{2z} + inv\alpha_d \tag{4-20}$$

联立式（4-17）和式（4-20）可得

$$\gamma = \tan\alpha_A - \frac{\pi}{2z} - inv\alpha_d \tag{4-21}$$

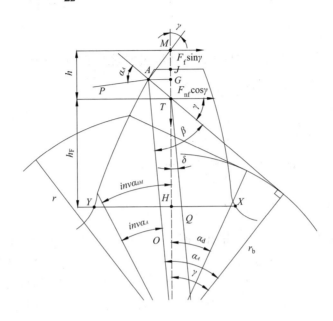

图 4-5　A 点啮合角和压力角

4.1.2.3　压力角

如图 4-4 所示，C、A、P、B、D 分别为非对称齿轮副在啮合周期中的双齿啮合区上界点、单齿啮合区上界点、啮合节点、单齿啮合区下界点、双齿啮合区下界点。工作侧齿廓重合度 ε_d 取 1.5，P_{db} 表示工作侧齿廓的基圆齿距。A 点压力角的表达式为

$$\alpha_A = \arctan\left[\tan\alpha_a - \frac{2\pi(\varepsilon_d - 1)}{z}\right] \tag{4-22}$$

式中

$$\alpha_a = \arccos(r\cos\alpha_d / r_a) \tag{4-23}$$

$$r_a = \frac{m(z + 2h_{ad}^*)}{2} \tag{4-24}$$

4.1.2.4　有关参数（h、h_{Fi}）

由图 4-5 和式（4-18）可知，非对称齿廓 A 点所对应的工作侧齿厚为

$$s_{dA} = \frac{s}{2} \cdot \frac{r_{dA}}{r} - r_{dA}(inv\alpha_A - inv\alpha_d) \tag{4-25}$$

$$r_{dA} = \frac{mz\cos\alpha_d}{2\cos\alpha_A} \tag{4-26}$$

$$h = \frac{s_{dA}}{\tan\gamma} + s_{dA}\tan\gamma \tag{4-27}$$

由图 4-5 和式（4-18）可知，非对称齿廓齿顶圆工作侧齿厚为

$$s_{da} = \frac{s}{2}\cdot\frac{r_a}{r} - r_a(inv\alpha_a - inv\alpha_d) \tag{4-28}$$

$$\overline{MJ} = \frac{s_{da}}{\tan\gamma} \tag{4-29}$$

$$h + h_F = \overline{MJ} + \overline{JH} = \frac{s_{da}}{\tan\gamma} + m(2h_{ad}^* + c_d^*) \tag{4-30}$$

$$h_F = \frac{s_{da}}{\tan\gamma} + m(2h_{ad}^* + c_d^*) - \frac{s_{dA}}{\tan\gamma} - s_{dA}\tan\gamma \tag{4-31}$$

根据上面的公式，可以计算出摩擦力应力因子 f_σ 的数值。计算时，取非对称齿轮齿数 $z=20$，模数 $m=3$ mm，工作侧压力角 $\alpha_d=35°$，摩擦系数 $f=0.05$，重合度为 1.5，输入扭矩 $T=1×10^2$ N·m，$h_{ad}^*=1.166$，$c_d^*=0.084$。借助 MATLAB 软件进行程序设计和数值仿真，探索摩擦力对齿根弯曲应力的影响，找到齿数、模数、压力角、摩擦系数、扭矩和重合度对摩擦力应力因子的相关影响规律。

图 4-6 的 6 组图中的变量：非对称齿轮齿数为 17~60，模数为 0.5~6 mm，工作侧齿廓压力角为 20°~35°，摩擦系数为 0.01~0.1，扭矩为 $1×10^2$~$4×10^2$ N·m，重合度为 1~1.8。

从图 4-6 中可以清晰地看出考虑摩擦力时，非对称轮齿的齿根弯曲应力增加 3.48%。这也说明计算非对称齿轮齿根弯曲应力时，不可轻易忽略齿面间的摩擦力。从图 4-6（a）和图 4-6（b）来看，摩擦力应力因子与齿轮的模数和输入扭矩无关，而与齿数、压力角、摩擦系数和重合度有关。随着齿数的增加，摩擦力应力因子减小，而压力角、摩擦系数和重合度增大。重合度对摩擦力应力因子的影响最大，当重合度为 1.8 时，考虑摩擦力时的齿根弯曲应力是不考虑摩擦力时齿根弯曲应力的 2 倍。这也说明，非对称齿轮传动中，配齿问题尤为重要。

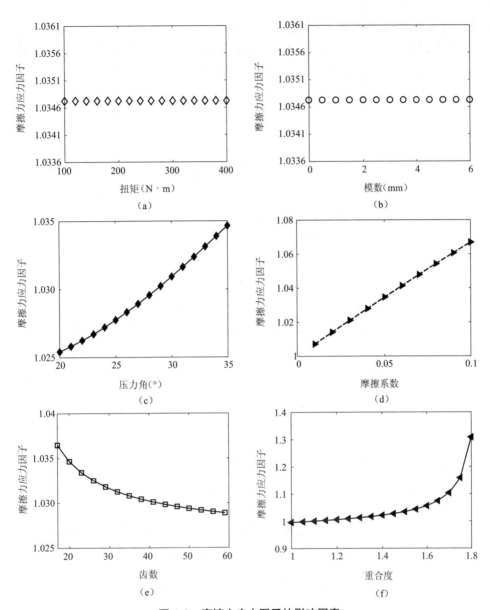

图 4-6　摩擦力应力因子的影响因素

4.1.3　摩擦力作用下的复合弯曲应力计算

本研究借鉴国际标准化组织（International Organization for Standardization，ISO）相关标准中的有用因素，在刘易斯（Lewis）公式的基础上采用平截面法，如

图 4-7 所示,任意横截面由 i 表示。按全部载荷作用在单齿啮合区上界点,计算非对称齿轮的弯曲应力。计算齿根危险截面的应力时,不仅将弯曲主应力计算在内,还将压应力、剪切应力以及轮齿啮合间的摩擦力考虑在内。

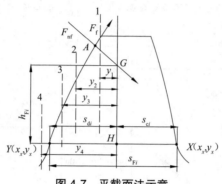

图 4-7 平截面法示意

4.1.3.1 弯曲主应力

用 σ_1 表示 $F_{nf}\cos\gamma$ 和 $F_f\sin\gamma$ 产生的齿根弯曲主应力,结合图 4-7,假设轮齿尺宽为 b,齿根截面上一点距离轮齿中线长度为 y,则由弯曲理论可得

$$\sigma_1 = 2\frac{M_{nf}}{W} \cdot \frac{y}{s_{Fi}} \tag{4-32}$$

$$W = \frac{bs_{Fi}^2}{6} \tag{4-33}$$

综合求解式(4-6)、式(4-32)、式(4-33)可得

$$\sigma_1 = 12F_{nf} \cdot h_{Fi} \cdot \cos\gamma \cdot \left(1 + f\left(1 + \frac{h}{h_{Fi}}\right)\tan\gamma\right) \cdot \frac{y}{bs_{Fi}^3} \tag{4-34}$$

由于存在齿轮制造误差、齿形误差等,加之啮合的一对齿轮载荷分配并不是均匀的,因此在计算轮齿受力时,F_{nf} 需要乘以载荷系数 K,故式(4-34)变为

$$\sigma_1 = 12KF_{nf} \cdot h_{Fi} \cdot \cos\gamma \cdot \left(1 + f\left(1 + \frac{h}{h_{Fi}}\right)\tan\gamma\right) \cdot \frac{y}{bs_{Fi}^3} \tag{4-35}$$

$$K = K_A K_V K_\alpha K_\beta \tag{4-36}$$

式中:K_A 为使用系数,K_V 为动载系数,K_α 为齿间载荷系数,K_β 为齿向载荷系数。本章中忽略系数 K,当 $y=s_{Fi}/2$ 时齿根的弯曲应力达到最大值,即

$$\sigma_{1max} = \frac{6F_{nf} \cdot h_{Fi} \cdot \cos\gamma \cdot \left(1 + f\left(1 + \frac{h}{h_{Fi}}\right)\tan\gamma\right)}{bs_{Fi}^2} \tag{4-37}$$

取 $h_{\mathrm{F}i}=k_{\mathrm{h}}\times m$，$s_{\mathrm{F}i}=k_{\mathrm{s}}\times m$，$k_{\mathrm{F}i}=h/h_{\mathrm{F}i}$，将 $F_{\mathrm{nf}}=F_{\mathrm{tf}}/\cos\alpha_{\mathrm{d}}$ 代入式（4-37）可得

$$\sigma_{1\max}=\frac{F_{\mathrm{tf}}}{bm}\cdot\frac{6k_{\mathrm{h}}\cdot\cos\gamma\cdot\left[1+f(1+k_{\mathrm{F}i})\tan\gamma\right]}{k_{\mathrm{s}}^{2}\cos\alpha_{\mathrm{d}}} \tag{4-38}$$

令

$$Y_{\mathrm{F}}=\frac{6\left(\dfrac{h_{\mathrm{F}i}}{m}\right)\cdot\cos\gamma\cdot\left[1+f(1+k_{\mathrm{F}i})\tan\gamma\right]}{\left(\dfrac{s_{\mathrm{F}i}}{m}\right)^{2}\cos\alpha_{\mathrm{d}}} \tag{4-39}$$

式中，Y_{F} 是一个无因次量，只与轮齿的齿廓有关。另外，式（4-38）还需乘以应力修正系数 Y_{s}，以平衡齿根处集中应力的影响，因此最大弯曲应力可表示为

$$\sigma_{1\max}=\frac{F_{\mathrm{tf}}}{bm}\cdot Y_{\mathrm{F}}\cdot Y_{\mathrm{s}} \tag{4-40}$$

式中

$$Y_{\mathrm{s}}=\frac{1.2h_{\mathrm{F}i}+0.13s_{\mathrm{F}i}}{h_{\mathrm{F}i}}\cdot\left(\frac{s_{\mathrm{F}i}}{2\rho_{\mathrm{F}}}\right)^{\left(\frac{s_{\mathrm{F}i}}{1.21s_{\mathrm{F}i}+2.3h_{\mathrm{F}i}}\right)} \tag{4-41}$$

只有先确定齿形系数 Y_{F} 和应力修正系数 Y_{s} 后，才能求出非对称齿轮的齿根最大弯曲应力 $\sigma_{1\max}$。由式（4-39）、式（4-41）来看，两个系数与齿根危险截面位置相关。其中，$h_{\mathrm{F}i}$ 可由式（4-44）求解，$s_{\mathrm{F}i}$ 可由式（4-43）求解，ρ_{F} 为接触点处的曲率半径，可由式（4-45）求解。假设非对称齿轮工作侧齿根过渡曲线上一点为 X（x_x，y_x），非工作侧过渡曲线上一点为 $Y(x_y,\ y_y)$，非对称齿轮采用非对称双圆角齿条形刀具进行加工，刀具如图 2-5 所示。则该点坐标及相关参数的表达式为

$$x_x=-r\sin\theta_{\mathrm{c}}+\left(\frac{a_{\mathrm{c}}}{\sin\alpha_X}+\rho_{\mathrm{c}}\right)\cos(\alpha_X-\theta_{\mathrm{c}}) \tag{4-42.1}$$

$$y_x=r\cos\theta_{\mathrm{c}}-\left(\frac{a_{\mathrm{c}}}{\sin\alpha_X}+\rho_{\mathrm{c}}\right)\sin(\alpha_X-\theta_{\mathrm{c}}) \tag{4-42.2}$$

$$\theta_{\mathrm{c}}=\frac{a_{\mathrm{c}}}{r\tan\alpha_X}+\frac{b_{\mathrm{c}}}{r} \tag{4-42.3}$$

$$a_{\mathrm{c}}=h_{\mathrm{ac}}^{*}m+c_{\mathrm{c}}^{*}-\rho_{\mathrm{c}} \tag{4-42.4}$$

$$\rho_{\mathrm{c}}=\frac{c_{\mathrm{c}}^{*}m}{1-\sin\alpha_{\mathrm{c}}} \tag{4-42.5}$$

$$b_{\mathrm{c}}=\frac{\pi m}{4}+h_{\mathrm{ac}}^{*}m\tan\alpha_{\mathrm{c}}+\rho_{\mathrm{c}}\cos\alpha_{\mathrm{c}}\ ,\ \alpha_X\in\left(\alpha_{\mathrm{c}},\frac{\pi}{2}\right) \tag{4-42.6}$$

$$x_y = r \sin \theta_d - \left(\frac{a_d}{\sin \alpha_Y} + \rho_d \right) \cos(\alpha_Y - \theta_d) \tag{4-42.7}$$

$$y_y = r \cos \theta_d - \left(\frac{a_d}{\sin \alpha_Y} + \rho_d \right) \sin(\alpha_Y - \theta_d) \tag{4-42.8}$$

$$\theta_d = \frac{a_d}{r \tan \alpha_Y} + \frac{b_d}{r} \tag{4-42.9}$$

$$a_d = h_{ad}^* m + c_d^* - \rho_d \tag{4-42.10}$$

$$\rho_d = \frac{c_d^* m}{1 - \sin \alpha_d} \tag{4-42.11}$$

$$b_d = \frac{\pi m}{4} + h_{ad}^* m \tan \alpha_d + \rho_d \cos \alpha_d, \ \alpha_Y \in \left(\alpha_d, \frac{\pi}{2} \right) \tag{4-42.12}$$

假设非对称齿轮的齿根处任意截面与过渡曲线相交于 $X(X_{xi}, \ X_{yi})$、$Y(Y_{xi},$ $Y_{yi})$，结合图 4-5 可得

$$\begin{aligned} s_{Fi} &= x_x + |x_y| \\ &= \frac{mz}{2} (\sin \theta_c - \sin \theta_d) - \left(\frac{a_c}{\sin \alpha_X} + \rho_c \right) \cos(\alpha_X - \theta_c) - \left(\frac{a_d}{\sin \alpha_Y} + \rho_d \right) \cos(\alpha_Y - \theta_d) \end{aligned}$$
$$\tag{4-43}$$

$$h_{Fi} = \overline{OT} - y_y = \frac{mz \cos \alpha_d}{2 \cos \gamma} - \frac{mz \cos \theta_d}{2} + \left(\frac{a_d}{\sin \alpha_Y} + \rho_d \right) \sin(\alpha_Y - \theta_d) \tag{4-44}$$

$$\rho_F = \frac{a_d}{\sin \alpha_Y} - \frac{mz a_d \sin \alpha_Y}{2 a_d + mz \sin^2 \alpha_Y} + \rho_d \tag{4-45}$$

上式中 α_Y、α_X 为变量。由于工作侧齿廓和非工作侧齿廓过渡曲线与危险截面的两个交点的纵坐标相等，当工作侧上某一点的坐标确定后，利用纵坐标相等这一条件，非工作齿侧的 α_X、θ_c 也就可以用 α_Y 表示出来。求解出 h_{Fi}、s_{Fi} 后，也就可以求出齿形系数 Y_F、Y_S 的值了。将 Y_F、Y_S 代入式(4-40)中，可求得非对称渐开线齿轮的齿根弯曲主应力值 σ_{1max}，接下来就可以进行复合弯曲应力 σ 的求解。

4.1.3.2 弯曲剪切应力

$F_{nf} \cos \gamma$ 和 $F_f \sin \gamma$ 产生的剪切应力用 τ 来表示。危险截面上分度圆中线处的剪切应力最大，可由下式计算：

$$\tau_{max} = \frac{F_{nf} \cos \gamma + f F_{nf} \sin \gamma}{b s_{Fi}} \tag{4-46}$$

4.1.3.3 弯曲压应力

$F_{nf} \sin \gamma$ 和 $F_f \cos \gamma$ 产生的压应力用 σ_2 来表示，最大压应力的表达式为

$$\sigma_{2\max} = \frac{-F_{\mathrm{nf}}\sin\gamma + fF_{\mathrm{nf}}\cos\gamma}{bs_{Fi}} \tag{4-47}$$

根据第三强度理论,非对称齿轮齿根复合弯曲应力表达式为

$$\sigma = \sqrt{(\sigma_{1\max} + \sigma_{2\max})^2 + (2.5\tau_{\max})^2} \tag{4-48}$$

4.1.3.4 非对称齿轮复合弯曲应力求解

图 4-8 为非对称齿轮齿根复合弯曲应力的求解流程图。该循环程序采用数值差值法,计算出工作侧和非工作侧过渡曲线上 y 坐标相等时的 x_x、θ_c 和 x_y、θ_d,基于逐渐逼近的循环程序逐点计算各齿根截面上的应力大小,从而找出齿根截面处的最大应力值,即所求的复合弯曲应力。

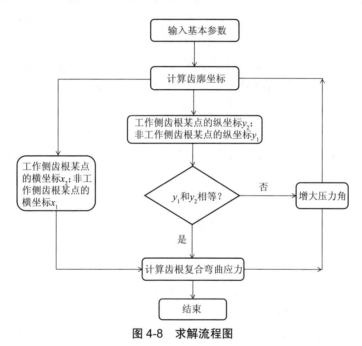

图 4-8　求解流程图

表 4-1　齿根弯曲应力齿轮模型基本参数

参数	a 组	b 组	c 组	d 组	e 组
模数(mm)	4	4	4	4	4
齿数	30	30	30	30	30
工作侧压力角(°)	20	25	30	35	40
非工作侧压力角(°)	20	20	20	20	20

续表

参数	a 组	b 组	c 组	d 组	e 组
工作侧齿顶高系数	1.0	1.02	1.10	1.17	1.23
摩擦系数	0.15	0.15	0.15	0.15	0.15
齿宽（mm）	15	15	15	15	15
功率（kW）	26.6	26.6	26.6	26.6	26.6
转速（r/min）	1000	1000	1000	1000	1000

选取非对称渐开线直齿圆柱齿轮为研究对象，其基本参数见表 4-1，其中根据研究内容合理设置组别。为了探究摩擦力对非对称渐开线直齿圆柱齿轮齿根复合弯曲应力的影响，选择 b、c、d 组进行数值仿真，另外对应添加 3 个不考虑摩擦力的组（摩擦系数为 0）形成对比，所得到的 6 条曲线如图 4-9 所示。

仿真结果表明，当工作侧压力角分别取 25°、30° 和 35°，有摩擦力作用下的非对称齿轮齿根复合弯曲应力均大于无摩擦力作用下的齿根弯曲应力，增大了约 10%，20~30 MPa，这也反映出摩擦力对齿根弯曲应力的影响不容忽视。工作侧压力角在 20°~30° 范围内时，齿根复合弯曲应力在摩擦力状态下处于减小趋势，当压力角增大到 35° 时，齿根弯曲应力反而从 205 MPa 增大到 213 MPa，这与无摩擦状态下非对称齿轮齿根复合弯曲应力变化趋势一致。上述结果表明，在有摩擦力状态下，30°~35° 之间存在齿根复合弯曲应力的最小值。

为了探究非对称齿轮的基本参数在考虑摩擦力和切应力条件下对齿根复合弯曲应力的影响，选择工作侧压力角为 25°（b 组为对照组），模数分别为 3、4、5 和 6 mm 来分析齿轮模数对齿根复合弯曲应力的影响，结果如图 4-10 所示。另外，选择工作侧压力角为 30°（c 组为对照组），齿宽分别为 15 mm、20 mm、25 mm 和 30 mm 来分析齿轮齿宽对齿根复合弯曲应力的影响，结果如图 4-11 所示。仿真 b、c、d 和 e 组的工作侧齿根复合弯曲应力，分析齿轮工作侧压力角对齿根复合弯曲应力的影响，结果如图 4-12 所示。

图 4-10 显示，对于同一种非对称齿轮，模数越小，齿根复合弯曲应力越大，模数为 4、5 和 6 mm 的情况下，复合弯曲应力分别比模数为 3 mm 时，增加了约 20 MPa、50 MPa 和 100 MPa。图 4-11 显示，对于同一种非对称齿轮，改变齿宽会影响齿根复合弯曲应力，随着齿宽的增大，齿根复合弯曲应力减小，并且减小的速度逐渐减缓。例如，齿宽由 15 mm 增大到 20 mm，复合弯曲应力减小了约 30 MPa，而齿宽从 25 mm 增大到 30 mm，复合弯曲应力减小了约 20 MPa。图 4-12

显示,压力角逐渐增大情况下,齿根复合弯曲应力逐渐减小,但是存在最佳压力角,压力角从 25° 增大到 30° 后,齿根复合弯曲应力减小了约 5 MPa,增大到 35° 后,齿根复合弯曲应力与 25° 时大致相同,故最佳压力角范围为 30°~35°。

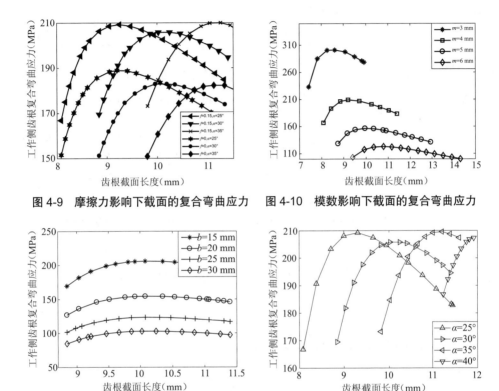

图 4-9　摩擦力影响下截面的复合弯曲应力　　图 4-10　模数影响下截面的复合弯曲应力

图 4-11　齿宽影响下截面的复合弯曲应　　图 4-12　压力角影响下截面的复合弯曲应力

为了探究摩擦力对齿根复合弯曲应力的影响,在工作侧压力角为 30°(c 组为对照组),摩擦系数分别为 0、0.05、0.10 和 0.15 的情况下,仿真齿根复合弯曲应力的变化规律,结果如图 4-13 所示。另外,还分析了多种参数对齿根复合弯曲应力的综合影响,所涉及的参数包括模数、压力角、齿宽和摩擦系数,结果如图 4-14 所示。

图 4-13 显示,摩擦系数增加,齿根复合弯曲应力也会线性增加,摩擦系数每增加 0.05,复合弯曲应力增大 10 MPa。图 4-14 充分显示了不同参数的变化引起的齿根弯曲应力的变化规律。在相同摩擦系数、压力角和齿宽条件下,模数由 4 mm 变为 6 mm,齿根复合弯曲应力变化最大,应力值减小了 90 MPa。这也说明模数变化对齿根弯曲应力的影响程度最大。其次是齿宽对复合弯曲应力的影响,齿宽增加 5 mm,齿根复合弯曲应力减小了 50 MPa。摩擦系数由 0.15 减小为

0.05,齿根复合弯曲应力减小了 15 MPa。压力角变化对齿根复合弯曲应力的影响最小,压力角由 25° 变为 30° 时,齿根复合弯曲应力减小了 5 MPa。在估算齿根复合弯曲应力时,应以上述结果为依据,设计并计算齿轮参数,从而减小齿根复合弯曲应力,增强齿轮的承载能力。

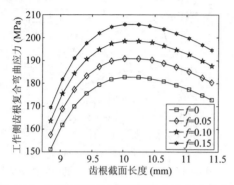

图 4-13   摩擦系数影响下截面的复合弯曲应力   图 4-14   齿根复合弯曲应力的敏感度

4.2   摩擦力作用下的复合弯曲应力有限元分析

4.2.1   非对称齿轮有限元模型

根据非对称齿轮的齿廓方程,利用 ANSYS 的参数化设计语言,输入不同参数生成几组不同压力角的轮齿几何模型,具体参数和组别见表 4-1(不包括 e 组),对称齿轮有限元模型和非对称齿轮有限元模型如图 4-15 所示。

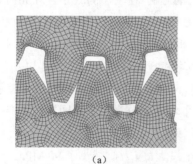
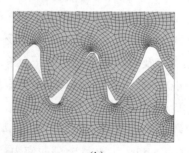

（a）   （b）

图 4-15   有限元模型

（a）对称齿轮（20°/20°）   （b）非对称齿轮（20°/35°）

4.2.2　单元类型和网格划分

齿轮啮合为复杂的非线性接触,属于平面应力问题。三维实体有限元模型的计算过程时间较长,而相关资料表明,三维实体有限元模型分析与二维平面有限元模型分析的结果十分接近。因此,本节建立了齿轮啮合的平面有限元分析模型,并选用精度较高的 PLANE183 单元。

PLANE183 是一个高阶 2 维 8 节点单元,即每个单元有 8 个节点,每个节点有 2 个自由度,分别为 x 和 y 方向的平移。PLANE183 单元具有二次位移函数,能够很好地适应不规则模型的分网。

齿轮的材料选择刚性材料,弹性模量 $E=2\times10^5$ MPa,泊松比 $\mu=0.3$,密度 $\rho=7\,800$ kg/m^3。利用 ANSYS 的网格划分工具对齿面进行四边形单元自由网格划分。四边形单元自由网格划分无单元形状限制,适用于复杂形状的面和体,其比三角形单元更为真实和准确。如图 4-15（a）所示,网格划分后对称齿轮模型的单元数为 3972,节点数为 12876。如图 4-15（b）所示,网格划分后非对称齿轮模型的单元数为 3516,节点数为 11562。

4.2.3　约束和载荷

约束条件和载荷施加对有限元求解至关重要。在轮齿中心孔表面上定义各节点"ALL DOF"约束,在垂直于齿面沿分力方向施加外载荷,且载荷在齿宽方向上均匀分布,则平面载荷 F 为

$$F=\frac{F_{\mathrm{n}}}{b} \tag{4-49}$$

式中,F_{n} 为总法向啮合力,b 为齿宽。

同时,将平面应变问题化为平面应力问题,泊松比和弹性模量分别进行以下处理。

$$\mu'=\frac{\mu}{1-\mu} \tag{4-50}$$

$$E'=\frac{E}{1-\mu^2} \tag{4-51}$$

式中,μ' 为当量泊松比,E' 为当量弹性模量。

通过式（4-21）、式（4-22）可以确定啮合点 A 处的载荷角和压力角,进而求

出啮合点的坐标值和 X、Y 方向上的应力值。

4.2.4　求解和结果

图 4-16 所示为无摩擦状态下的齿根复合弯曲应力云图,其中非工作侧轮齿压力角保持 20° 不变,工作侧轮齿压力角分别为 20°、25°、30° 和 35°。对单齿啮合区上界点进行受力分析,工作侧齿根复合弯曲应力值随着压力角的增大逐渐降低。工作侧压力角为 20° 时,齿根复合弯曲应力为 335.41 MPa;工作侧压力角为 30° 时,齿根复合弯曲应力为 187.69 MPa;减小了 44.0%;工作侧压力角为 35° 时,齿根应力为 243.66 MPa,齿根复合弯曲应力减小了 27.4%。

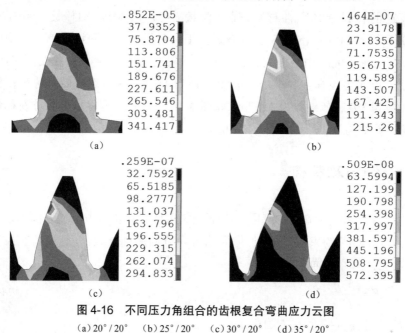

图 4-16　不同压力角组合的齿根复合弯曲应力云图
(a) 20°/20°　　(b) 25°/20°　　(c) 30°/20°　　(d) 35°/20°

由有限元计算结果可知,工作侧压力角从 20° 增大到 30°,齿根处的复合弯曲应力减小;工作侧压力角从 30° 增大到 35°,齿根处的复合弯曲应力逐渐增大。该结果这与 MATLAB 求解得到的结果相符合。

4.2.5　载荷点对复合弯曲应力的影响

如图 4-17 所示,取 5 个啮合点(双齿啮合区上界点 C、单齿啮合区上界点

A、啮合节点 P、单齿啮合区下界点 B、双齿啮合区下界点 D）来描述轮齿在一个啮合周期内的齿根复合弯曲应力的变化规律。确定这 5 个点的坐标值、压力角和载荷角后,对这 5 个啮合点进行应力分析,结果见表 4-2、表 4-3。

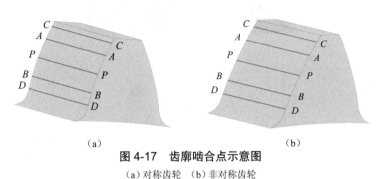

图 4-17　齿廓啮合点示意图

(a) 对称齿轮　(b) 非对称齿轮

表 4-2　对称齿轮不同啮合点载荷参数（20°/ 20°）

啮合位置	压力角（°）	载荷角（°）	横坐标（mm）	纵坐标（mm）
C	28	27	−1.47	63.98
A	23	20	−2.64	61.37
P	20	17	−3.11	59.92
B	18	15	−3.33	59.24
D	13	10	−3.68	57.65

表 4-3　非对称齿轮不同啮合点载荷参数（35°/ 20°）

啮合位置	压力角（°）	载荷角（°）	横坐标（mm）	纵坐标（mm）
C	40	39	−0.18	64.00
A	36	34	−2.59	60.78
P	35	32	−3.03	59.92
B	32	28	−4.37	57.78
D	28	22	−5.60	55.11

运用有限元法对非对称齿轮的轮齿（35°/ 20°）和对称齿轮的轮齿（20°/ 20°）在一个啮合周期内的不同啮合位置进行应力和位移分析,结果如图 4-18、图 4-19 所示。

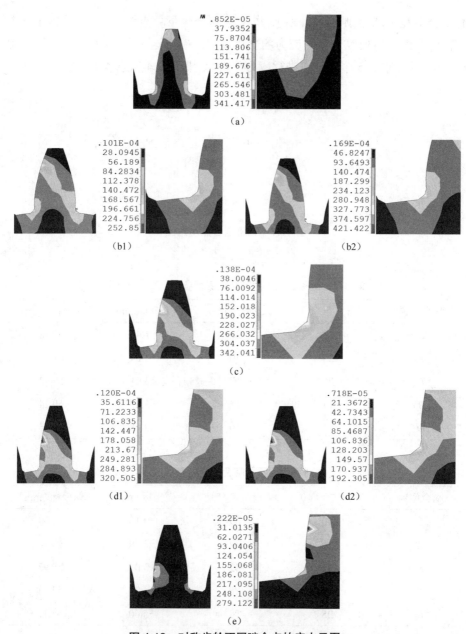

图 4-18　对称齿轮不同啮合点的应力云图

(a) 双齿啮合区上界点　(b1) 单齿啮合区上界点（双齿啮出态）　(b2) 单齿啮合区上界点（单齿啮入态）
(c) 啮合节点　(d1) 单齿啮合区下界点（单齿啮出态）　(d2) 单齿啮合区下界点（双齿啮入态）
(e) 双齿啮合区下界点

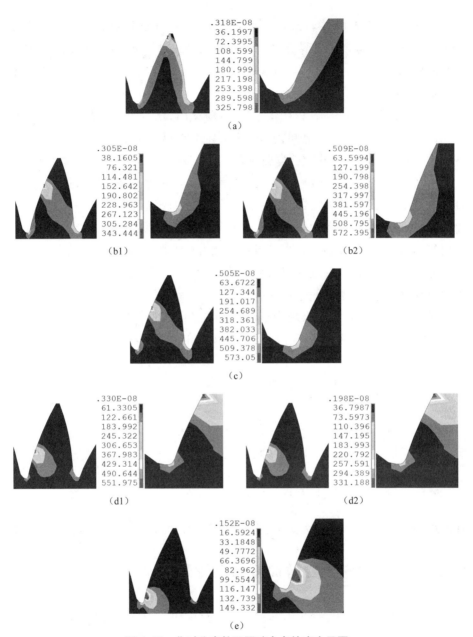

图 4-19　非对称齿轮不同啮合点的应力云图

（a）双齿啮合区上界点　（b1）单齿啮合区上界点（双齿啮出态）　（b2）单齿啮合区上界点（单齿啮入态）
（c）啮合节点　（d1）单齿啮合区下界点（单齿啮出态）　（d2）单齿啮合区下界点（双齿啮入态）
（e）双齿啮合区下界点

图 4-18 和图 4-19 中，(a)为双齿啮合区上界点 C 受载时的云图；(b1)、(b2)分别为单齿啮合区上界点 A 啮出和啮入受载时的云图；(c)为啮合节点 P 受载时的云图；(d1)、(d2)为单齿啮合区下界点 B 啮出和啮入受载时的云图；(e)为双齿啮合区下界点 D 受载时的云图。

由图 4-18 和图 4-19 可以看出，工作侧齿廓采用大压力角可使齿轮的工作侧齿根复合弯曲应力显著降低；在单齿啮合区上界点处，齿根复合弯曲应力值最大；在一个轮齿啮合周期内，齿根复合弯曲应力值随着载荷值和啮合点的变化而变化。

从双齿啮合区上界点 C 开始，工作侧齿根复合弯曲应力逐渐减小；在单齿啮合区上界点 A 处，由双齿啮合转为单齿啮合过程中，载荷会有一个突然的变化现象，导致齿根复合弯曲应力骤然增大；啮合位置到达单齿啮合下界点 B 过程中，齿根复合弯曲应力逐渐减小；由单齿啮合转为双齿啮合过程中，载荷再次突变，复合弯曲应力骤然减小；进入双齿啮合后，齿根复合弯曲应力逐渐减小；啮合过程周而复始，应力值也循环变化。

对比图 4-18、图 4-19 可发现，非对称齿轮在啮合周期中的齿根复合弯曲应力值小于对称齿轮，5 个位置的齿根复合弯曲应力值变化曲线如图 4-20 和图 4-21 所示。

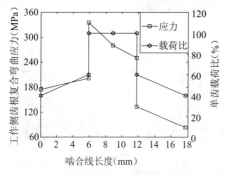

图 4-20　对称齿轮啮合线的应力值与载荷

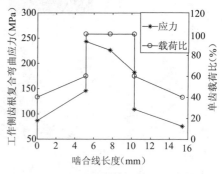

图 4-21　非对称齿轮啮合线应力值与载荷

4.2.6　摩擦力对复合弯曲应力的影响

在实际齿轮传动中，摩擦力真实存在且对传动有影响。当考虑齿间摩擦力时，齿根复合弯曲应力的变化规律仍有待探讨。为此，在 5 个不同的啮合节点（点 A 和 B 仅讨论单齿状态，因为更具代表性）上加入摩擦力，分析工作侧齿根复合弯曲应力的变化。考虑摩擦力的对称齿轮和非对称齿轮的齿根复合弯曲应力云图，如图 4-22、图 4-23 所示。基于应力云图，得到了不同压力角的摩擦力作用下非对称齿轮的齿根复合弯曲应力的变化规律，如图 4-24 所示。

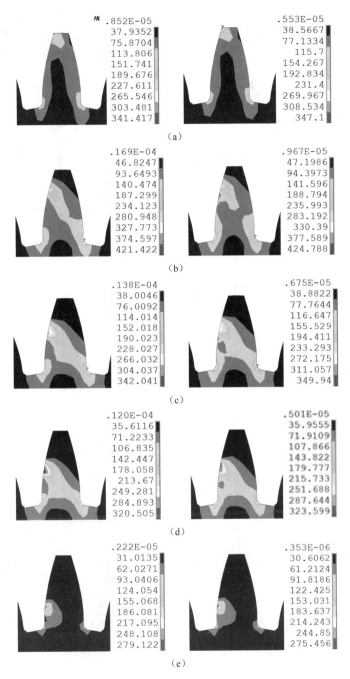

图 4-22　有、无摩擦力条件下对称齿轮齿根复合弯曲应力（左：无摩擦力；右：有摩擦力）

（a）双齿啮合区上界点　（b）单齿啮合区上界点　（c）啮合节点　（d）单齿啮合区下界点

（e）双齿啮合区下界点

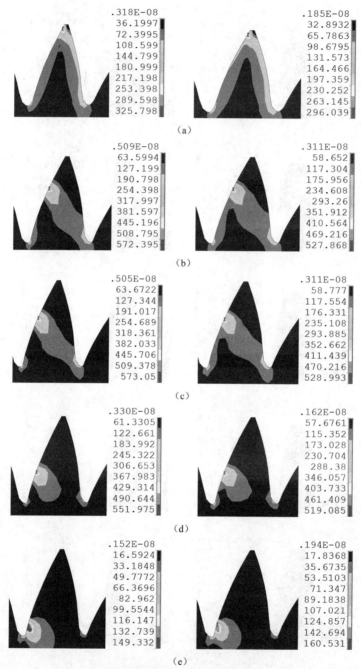

图 4-23   有、无摩擦力条件下非对称齿轮齿根复合弯曲应力（ 左：无摩擦力；右：有摩擦力 ）

（a）双齿啮合区上界点   （b）单齿啮合区上界点   （c）啮合节点   （d）单齿啮合区下界点

（e）双齿啮合区下界点

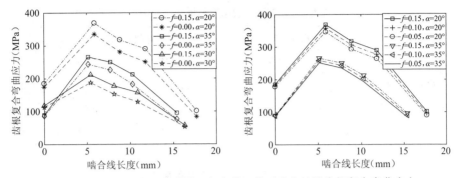

图 4-24 不同压力角和摩擦系数条件下非对称齿轮的齿根复合弯曲应力

比较不同啮合位置处的复合弯曲应力值,可以发现不论是对称齿轮还是非对称齿轮,单齿啮合区状态下的齿根复合弯曲应力是高于其他位置的齿根应力的;相同功率下对称齿轮的齿根复合弯曲应力明显高于非对称齿轮的应力值;在摩擦系数相同情况下,20°压力角对应的齿根复合弯曲应力值要高于其他压力角对应的复合弯曲应力值。以 A 点为例:20°压力角时,非对称齿轮的齿根复合弯曲应力为 369.11 MPa;30°压力角时,齿根复合弯曲应力为 211.74 MPa;35°压力角时,齿根复合弯曲应力为 265.69 MPa。可见,当工作侧压力角从 20°开始增大时,考虑摩擦力时的齿根复合弯曲应力逐渐减小;当增大到一定程度后(假设压力角变为 35°),齿根复合弯曲应力值反而增大,这说明在 30°与 35°之间存在压力角的最适值,使齿根复合弯曲应力值最小。在相同压力角情况下,摩擦系数分别为 0.05、0.10、0.15 时,随着摩擦系数的增大,齿根复合弯曲应力值也在逐渐增大,且同一啮合点为匀速递增,如 20°压力角在双齿啮合区上界点,摩擦系数增加 0.05,复合弯曲应力值线性增加 6 MPa。压力角越大,复合弯曲应力值增加越缓,如 20°压力角在啮合节点复合弯曲应力值线性增加 13 MPa,而 35°压力角在啮合节点复合弯曲应力值线性增加 6.5 MPa。

通过 MATLAB 数值仿真,得到了有摩擦力和切应力作用下的非对称齿轮齿根复合弯曲应力变化规律;通过有限元仿真模拟,得到了有摩擦力和切应力作用下,不同啮合点的非对称齿轮的齿根复合弯曲应力的变化规律。解析法和有限元法的数据结果见表 4-4 和表 4-5。从表格中的数据可以看出,不管是数值计算还是有限元分析,摩擦力应力因子都为 1.10 左右,即摩擦力可使齿根复合弯曲应力增大 10%,所以摩擦力是有必要进行考虑的,尤其是在摩擦损耗严重的场合。同时,两种方法所得到的齿根复合弯曲应力的变化规律一致,也验证了非对称齿轮复合弯曲强度理论的正确性。

表 4-4　有摩擦状态下齿根弯曲应力

α_d/α_c (°)	f	解析法		有限元法		f_σ
		σ_{max}（MPa）	减小比（%）	σ_{max}（MPa）	减小比（%）	
25/20	0.15	209.14	0	225.37	0	1.088 3
30/20	0.15	205.18	1.89	211.74	6.05	1.107 9
35/20	0.15	210.15	-0.50	265.69	-17.89	1.130 4

表 4-5　无摩擦状态下齿根弯曲应力

α_d/α_c (°)	f	解析法		有限元法		f_σ
		σ_{max}（MPa）	减小比（%）	σ_{max}（MPa）	减小比（%）	
30/20	0	181.91	3.6	187.69	0.52	1
35/20	0	182.61	3.23	243.66	-29.14	1

4.3　本章小结

以非对称渐开线直齿轮副为研究对象,在综合考虑摩擦力和切应力对齿根复合弯曲强度影响的情况下,建立非对称齿轮的受力模型。对单齿啮合区上界点进行系统研究,推导出轮齿在摩擦力和切向力不可忽略的情况下,非对称齿轮齿根复合弯曲强度的计算公式;进行 MATLAB 和 ANSYS 仿真,并对压力角、模数、齿数、摩擦系数等相关因素进行探讨,对不同啮合点的受载情况进行研究;得出在摩擦力和切向力不可忽略的条件下,非对称齿轮齿根复合弯曲应力的强度分析理论。

1)本章提出了在摩擦力作用下的非对称齿轮齿根复合弯曲应力解析法计算公式和有限元仿真方法,并对不同工作侧压力角条件下,齿根复合弯曲应力的变化规律进行了对比。从结果可以看出,有摩擦力作用下的齿根复合弯曲应力随压力角的增大逐渐增大;增大到最适值时,齿根复合弯曲应力最小;之后随着压力角增大,齿根复合弯曲应力也将增大。同时,本章也提出了一个新的参数——摩擦力应力因子,用来表征摩擦力对齿根复合弯曲应力的影响程度,并依据实例,详细阐述了摩擦力应力因子的作用,即用于指导实际生产中对摩擦力和齿根复合弯曲应力的控制与估计。

2）用解析法计算非对称齿轮的齿根复合弯曲应力时，考虑了齿轮传动过程中的摩擦力、法向载荷的水平分量引起的剪切应力和法向载荷的竖直分量引起的压应力，将其全部纳入第三强度理论公式中，然后采用 MATLAB 软件求解复合弯曲应力值，分析不同压力角下复合弯曲应力的变化规律，并分析了模数、压力角、齿宽、摩擦系数对摩擦力作用下的齿根复合弯曲应力的影响。所得结果可以反映以上参数对齿根复合弯曲应力的影响程度，其中模数的影响程度最大，齿宽次之，压力角的影响程度最小。

3）用有限元法模拟齿根复合弯曲应力时，重点研究了双齿啮合区上界点、单齿啮合区上界点、啮合节点、单齿啮合区下界点、双齿啮合区下界点这 5 个啮合位置在摩擦力作用下的受载情况，并得到了齿根复合弯曲应力曲线。齿根复合弯曲应力最大值出现在单齿啮合区上界点；在单双齿啮合发生变化时，载荷也会突然变化，导致齿根复合弯曲应力出现突变现象。运用有限元软件进行二次开发，设计出非对称齿轮的平面有限元模型，以 20°/20° 和 35°/20° 压力角组合形式详细阐述了有无摩擦力状态下，齿根复合弯曲应力的变化规律，发现压力角越大、摩擦系数越小，齿根复合弯曲应力也越小。在与解析法的结果进行对比时，可以清晰地看出解析法和有限元法所得结果的一致性，规律的统一性，这也进一步验证了考虑摩擦力和切应力状态下的非对称齿轮齿根复合弯曲应力理论的正确性。

第5章 非对称齿轮复合行星传动系统静态均载特性

5.1 静态均载特性分析模型

5.1.1 物理模型

图 5-1 所示的是两级非对称齿轮行星传动系统的运动简图和三维模型。图中显示,输入扭矩 T_d 经内齿轮 Z_1 分流给第一级的 3 个小行星轮 Z_{p1i}($i=1, 2, 3$ 代表不同的行星轮),然后又经第二级的 3 个大行星轮 Z_{p2i} 的传递,汇流到太阳轮 Z_s,最后输出扭矩 T_o。行星传动系统的主要参数见表 5-1。

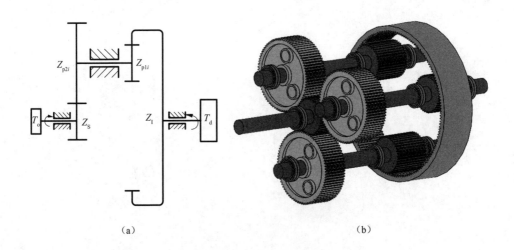

（a）   （b）

图 5-1 两级非对称齿轮行星传动系统

（a）简图 （b）三维模型

表 5-1　两级非对称齿轮行星传动系统参数

齿轮名称	齿数	模数（mm）	压力角（°）	扭矩（N•m）
内齿轮	160			
小行星轮	40			
大行星轮	80	3	20/30	6.37×10^5
太阳轮	40			

5.1.2　均载机理

在行星传动系统中，通常将太阳轮设定为浮动件，当传动系统载荷分配不均衡时，浮动构件发生微位移来补偿受力。图 5-2、图 5-3 分别为第一级和第二级载荷分配原理图。F_{Ip1}、F_{Ip2}、F_{Ip3} 分别表示第一级小行星轮与内齿轮间的弹性啮合力；F_{Sp1}、F_{Sp2}、F_{Sp3} 分别表示太阳轮与第二级大行星轮间的弹性啮合力。

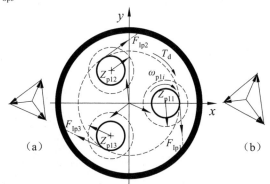

图 5-2　第一级齿轮啮合力示意图

（a）均载　（b）不均载

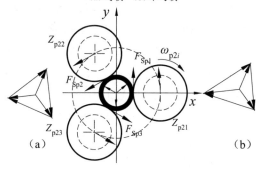

图 5-3　第二级齿轮啮合力示意图

（a）均载　（b）不均载

在理想状态下，太阳轮发生浮动，3 个大行星轮对太阳轮的总作用力 F_{Sp} 为 0，即 $F_{Sp1}+F_{Sp2}+F_{Sp3}=0$，3 个大行星轮的总扭矩等于输出扭矩；内齿轮发生浮动，3 个小行星轮对内齿轮的总作用力 F_{Ip} 为 0，即 $F_{Ip1}+F_{Ip2}+F_{Ip3}=0$，3 个小行星轮的总扭矩等于输入扭矩。如果行星轮能够达到均载，则 3 个啮合力之间构成全等三角形，将 3 个力向太阳轮圆心平移，则在圆心处 3 个力抵消，如图 5-2（a）、图 5-3（a）所示；如果行星轮不能达到均载，则 3 个啮合力之间不能构成全等三角形，将 3 个力向太阳轮圆心平移，则在圆心处 3 个力不能抵消，如图 5-2（b）、图 5-3（b）所示。

实际工作中，由于误差和输入扭矩的变化，太阳轮受载不对称，因此才产生了系统不均载现象，进而产生振动和噪声。采用非对称齿轮后，x、y 轴方向上的载荷大小都将发生变化。

5.2　传动系统误差分析

5.2.1　当量啮合误差

假设第一（二）级行星轮的第 1 个小（大）行星轮的中心在水平轴方向上，定义太阳轮指向大行星轮的啮合方向为正，小行星轮指向内齿轮的啮合方向为正。

制造误差包括内齿轮偏心误差 E_I，小行星轮偏心误差 E_{p1i}，太阳轮偏心误差 E_S，大行星轮偏心误差 E_{p2i}，太阳轮支承轴承的制造误差 E_{bS}，内齿轮支承轴承的制造误差 E_{bI}，两级行星轮连接轴轴承的制造误差 E_{bpi}。安装误差包括内齿轮安装误差 A_I，小行星轮安装误差 A_{p1i}，大行星轮安装误差 A_{p2i}，太阳轮安装误差 A_S；内齿轮齿厚误差 ζ_I，小行星轮齿厚误差 ζ_{p1i}，大行星轮齿厚误差 ζ_{p2i}，太阳轮齿厚误差 ζ_S，太阳轮基节误差 e_{bS}，大行星轮基节误差 e_{bp2i}，小行星轮基节误差 e_{bp1i}，内齿轮基节误差 e_{bI}，双联星轮同时啮合线误差 θ_{ppi}。ω_S 为太阳轮的角速度，ω_p 为小行星轮和大行星轮的角速度，ω_I 为内齿轮的角速度；α_{Sp} 为外啮合副啮合角，α_{Ip} 为内啮合副啮合角；φ_i 为第 i 个大（小）行星轮的位置角，计算公式为 $\varphi_i=2\pi(i-1)/N$（$i=1,2,3$）。制造误差的方位角用 β 表示，安装误差的相位角用 γ 表示。下标符号 S、p1i、p2i、I、b 分别表示太阳轮、第一级第 i 个小行星轮、第二级第 i 个大行星轮、内齿轮、基节。两级当量啮合误差模型分别如图 5-5、图 5-6 所示。

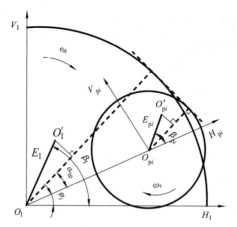

图 5-5　第一级当量啮合误差分析

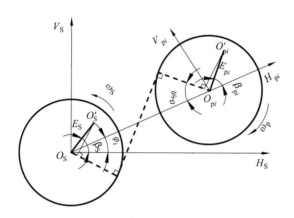

图 5-6　第二级当量啮合误差分析

内齿轮与第 i 个小行星轮啮合，各齿轮及轴承的啮合误差分别为

$$
\begin{cases}
e_{\mathrm{E}\mathrm{I}i} = E_{\mathrm{I}}\sin(-\omega_{\mathrm{I}}t + \beta_{\mathrm{I}} - \alpha_{\mathrm{I}\mathrm{p}} - \varphi_i) \\
e_{\mathrm{Eb}\mathrm{I}i} = E_{\mathrm{b}\mathrm{I}}\sin(-\omega_{\mathrm{I}}t + \beta_{\mathrm{I}} - \alpha_{\mathrm{I}\mathrm{p}} - \varphi_i) \\
e_{\mathrm{Ep1}i} = E_{\mathrm{p1}i}\sin(-\omega_{\mathrm{p}}t + \beta_{\mathrm{p1}i} - \alpha_{\mathrm{I}\mathrm{p}}) \\
e_{\mathrm{Ebp1}i} = E_{\mathrm{bp1}i}\sin(-\omega_{\mathrm{p}}t + \beta_{\mathrm{bp1}i} - \alpha_{\mathrm{I}\mathrm{p}}) \\
e_{\mathrm{A}\mathrm{I}i} = A_{\mathrm{I}}\sin(\gamma_{\mathrm{I}} - \alpha_{\mathrm{I}\mathrm{p}} - \varphi_i) \\
e_{\mathrm{Ap1}i} = A_{\mathrm{p1}i}\sin(\gamma_{\mathrm{p1}i} - \alpha_{\mathrm{I}\mathrm{p}})
\end{cases}
\tag{5-1}
$$

太阳轮与第 i 个大行星轮啮合，各齿轮及轴承的啮合误差分别为

$$\begin{cases} e_{ESi} = -E_S \sin(\omega_S t + \beta_S + \alpha_{Sp} - \varphi_i) \\ e_{EbSi} = -E_{bS} \sin(\omega_S t + \beta_S + \alpha_{Sp} - \varphi_i) \\ e_{Ep2i} = -E_{p2i} \sin(-\omega_p t + \beta_{p2i} + \alpha_{Sp}) \\ e_{Ebp2i} = -E_{bp2i} \sin(-\omega_p t + \beta_{bp2i} + \alpha_{Sp}) \\ e_{ASi} = -A_S \sin(\gamma_S + \alpha_{Sp} - \varphi_i) \\ e_{Ap2i} = -A_{p2i} \sin(\gamma_{p2i} + \alpha_{Sp}) \end{cases} \tag{5-2}$$

大小行星轮同时啮合线误差引起的误差 $e_{\theta_{ppi}}$ 为

$$e_{\theta_{ppi}} = -r_{bp2} \theta_{ppi} \tag{5-3}$$

上述各式中，t 表示时间；r_{bp2} 为大行星轮的基圆半径。

将所求的啮合误差矢量相加，便得到第一级啮合线和第二级啮合线上的当量啮合误差。

第一级当量啮合误差为

$$e_I = e_{Eli} + e_{Ebli} + e_{Ep1i} + e_{Ebp1i} + e_{Ali} + e_{Ap1i} + e_{bI} + e_{bp1i} + \zeta_I + \zeta_{p1i} \tag{5-4}$$

第二级当量啮合误差为

$$e_S = e_{ESi} + e_{EbSi} + e_{Ep2i} + e_{Ebp2i} + e_{ASi} + e_{Ap2i} + e_{bS} + e_{bp2i} + \zeta_S + \zeta_{p2i} + e_{\theta_{ppi}} \tag{5-5}$$

5.2.2 浮动误差

太阳轮和内齿轮浮动，在啮合线上产生微位移 Φ_S、Φ_I。假设太阳轮轴心的水平位移量是 H_S，竖直位移量是 V_S，内齿轮轴心的水平位移量是 H_I，竖直位移量是 V_I，结合图 5-5、图 5-6，Φ_S、Φ_I 的等效微位移量为

$$\begin{cases} \phi_{Si} = -H_S \sin(\varphi_i - \alpha_{Sp}) - V_S \cos(\varphi_i - \alpha_{Sp}) \\ \phi_{Ii} = -H_I \sin(\varphi_i + \alpha_{Ip}) + V_I \cos(\varphi_i + \alpha_{Ip}) \end{cases} \tag{5-6}$$

5.2.3 啮合综合误差

将两级非对称复合行星传动系统的当量啮合误差和浮动误差矢量相加，可得两级非对称复合行星传动系统的啮合综合误差。

第一级综合啮合误差为

$$e_1 = e_I + \phi_{Ii} \tag{5-7}$$

第二级综合啮合误差为

$$e_2 = e_S + \phi_{Si} \tag{5-8}$$

5.3　静态均载特性研究

5.3.1　均载系数计算方法

在内齿轮上加载驱动扭矩的过程中,系统的所有大(小)行星轮中必有一个大(小)行星轮先处于啮合状态,其他大(小)行星轮与太阳轮(内齿轮)之间就会存在间隙。随着驱动扭矩的增大,加之内外啮合副和轴承支承处产生的微小形变,轮齿间的间隙逐渐减小直至消失,达到点接触或者线接触状态,整个传动系统实现平稳运行。

太阳轮与大行星轮的齿间载荷 F_{Spi} 为

$$F_{Spi} = K_{Sp}(x_{p2i} - x_S - e_2) \tag{5-9}$$

内齿轮与小行星轮的齿间载荷 F_{Ipi} 为

$$F_{Ipi} = K_{Ip}(x_I - x_{p1i} - e_1) \tag{5-10}$$

内啮合齿轮副的扭矩平衡方程为

$$T_d - r_{bI}\sum_{i=1}^{3}F_{Ipi} = 0 \tag{5-11}$$

外啮合齿轮副的扭矩平衡方程为

$$T_o - r_{bS}\sum_{i=1}^{3}F_{Spi} = 0 \tag{5-12}$$

行星轮连接轴的平衡方程为

$$F_{Ipi}r_{bI} - F_{Spi}r_{bS} = 0 \tag{5-13}$$

考虑太阳轮的浮动引起的平衡,其方程为

$$\begin{cases} \sum_{i=1}^{3}F_{Ipi}\cos(\varphi_i - \alpha_{Ip}) - K_I H_I = 0 \\ \sum_{i=1}^{3}F_{Ipi}\sin(\varphi_i - \alpha_{Ip}) - K_I V_I = 0 \\ \sum_{i=1}^{3}F_{Spi}\cos(\varphi_i - \alpha_{Sp}) - K_S H_S = 0 \\ \sum_{i=1}^{3}F_{Spi}\sin(\varphi_i - \alpha_{Sp}) - K_S V_S = 0 \end{cases} \tag{5-14}$$

从式（5-1）到式（5-14）组成 12 元一次方程组，可求出内齿轮与小行星轮的齿间载荷 F_{Ipi}、太阳轮与大行星轮的齿间载荷 F_{Spi}，则第一级传动中第 i 个小星轮的均载系数为

$$\Omega_{p1i} = \frac{F_{Ipi}}{T_d \big/ Nr_{b1}} \qquad (5\text{-}15)$$

第一级传动的均载系数为

$$\Omega_1 = (\Omega_{p1i})_{max} \qquad (5\text{-}16)$$

第二级传动中第 i 个大行星轮的均载系数为

$$\Omega_{p2i} = \frac{F_{Spi}}{T_o \big/ Nr_{bS}} \qquad (5\text{-}17)$$

第二级传动的均载系数为

$$\Omega_2 = (\Omega_{p2i})_{max} \qquad (5\text{-}18)$$

5.3.2　静力学均载特性研究

表 5-2 中列出了两级非对称齿轮行星传动系统的基本参数和相关误差数据，其中小行星轮和大行星轮的个数均为 3。静力学研究采用平均啮合刚度，这样不仅可以简化计算模型，提高效率，所得到的仿真结果与考虑时变啮合刚度得到的结果近似相等。以一个两级行星齿轮增速器为例，误差取值均为 6 μm，根据平衡方程求解非对称齿轮传动系统的均载系数，分析相关参数对非对称复合行星齿轮传动系统均载特性的影响。

表 5-2　两级非对称齿轮行星传动系统基本参数和相关误差

齿轮名称	齿数	模数（mm）	压力角组合（°）	啮合刚度（N/m）	支承刚度（N/m）	啮合角误差（°）	扭矩（N·m）
内齿轮	160			4×10^9	8×10^9	—	
小行星轮	40			—		0.25	
大行星轮	80	3	20/20（20/30）	2×10^9			6.4×10^5
太阳轮	40			—	8×10^9		

根据式（5-1）至式（5-18），得到对称齿轮行星传动系统的第一级小行星轮和

第二级大行星轮的均载曲线,如图 5-7 所示。结果显示,3 个小行星轮和 3 个大行星轮的均载系数分别为 1.095 1、1.122 6、1.079 5 和 1.075 6、1.050 8、1.092 3,第一级传动系统和第二级传动系统的均载系数分别为 1.122 6 和 1.092 3.

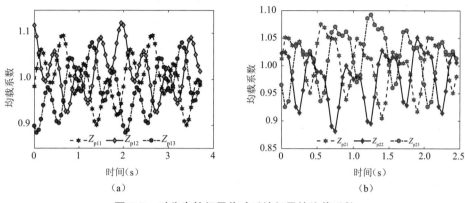

图 5-7 对称齿轮行星传动系统行星的均载系数

(a)第一级 (b)第二级

　　非对称齿轮行星传动系统的第一级小行星轮和第二级大行星轮的均载曲线如图 5-8 所示。结果显示,3 个小行星轮和 3 个大行星轮的均载系数分别为 1.098 2、1.119 0 和 1.073 4、1.075 5、1.054 6、1.095 5,第一级传动系统和第二级传动系统的均载系数分别为 1.119 0 和 1.095 5。

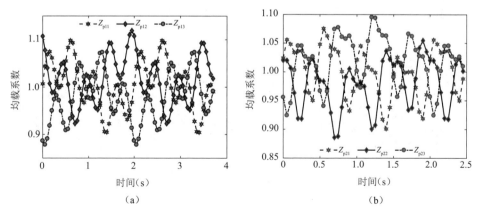

图 5-8 非对称齿轮行星传动系统行星轮的均载系数

(a)第一级 (b)第二级

　　此外,结果表明在行星齿轮传动过程中,非工作侧压力角保持 20°,工作侧压力角由 20°增大到 30°时,均载系数变化不明显。

　　为了探究压力角的变化对非对称齿轮行星传动系统的影响程度,以太阳轮为例进行分析,即设置太阳轮非工作侧压力角为 20°,工作侧压力角从 20°以 1°为间隔增大到 35°,得到第二级大行星轮的均载系数曲线,如图 5-9 所示。同时,对压力角分别为 20°、25°、30°、35° 4 种情况下的 3 个大行星轮均载系数进行比较,采用均载系数差值体现变化,结果如图 5-10 所示。图 5-10 中,均载系数差值为括号外压力角条件下得到的均载系数值减去括号内压力角条件下得到的均载系数值。

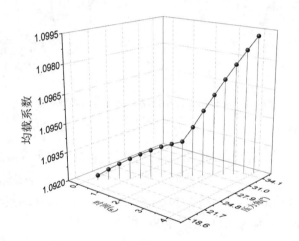

图 5-9　第二级大行星轮的均载系数曲线

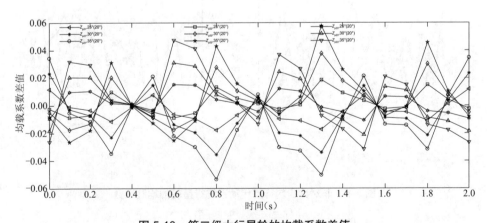

图 5-10　第二级大行星轮的均载系数差值

　　图 5-9 中,随着太阳轮工作侧压力角的增大,第二级星轮的均载系数逐渐增

大,在 20°~28° 区间内,均载系数由 1.092 3 变为 1.093 5,增速较慢,每度的增速为 0.000 15;在 28°~35° 区间内,均载系数由 1.093 5 变为 1.099 2,增速加快,每度的增速为 0.000 8。这说明 28° 以下,为变压力角的最适选区,此时均载系数较好。

图 5-10 中,当工作侧压力角均为 25° 时,Z_{p21}、Z_{p22}、Z_{p23} 3 个行星轮的均载系数绝对值都比 20° 压力角时的均载系数绝对值大,且 3 个行星轮变化幅度接近。单独观察 Z_{p21} 时,随着压力角不断增大,均载系数差值的绝对值也在不断增大,35° 压力角时的最大差值接近 0.06。通过分析图 5-9、图 5-10 反映出的规律,发现工作侧压力角的变化对行星轮均载系数的影响较小。

除行星轮的均载状况外,太阳轮和内齿轮的浮动也会影响系统的稳定性。当采用非对称齿轮行星传动系统时,工作侧压力角发生变化,使太阳轮和内齿轮在 x 轴和 y 轴的受力发生变化,进而引起 2 个方向上浮动量的变化。分析非对称齿轮传动系统中太阳轮和内齿轮的浮动量,结果如图 5-11 所示。

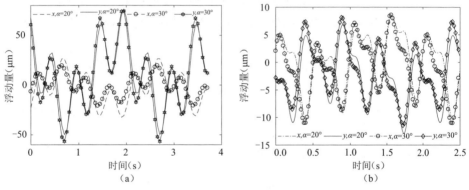

图 5-11　非对称齿轮传动系统中内齿轮与太阳轮的浮动量

(a)内齿轮　(b)太阳轮

从图中可以看出,当工作侧压力角则 20° 变为 30° 时,内齿轮和太阳轮在 x 轴和 y 轴上都产生了浮动,内齿轮在 x 轴的浮动量明显减小,在 y 轴变化微小;太阳轮在 x 轴的浮动最高峰值减少了,在 y 轴的浮动最低峰值增大;在 y 轴上下浮动方差减小,上下浮动量的差值绝对值趋于均匀。故采用非对称齿轮系统后,构件的浮动量得到改善,减小了系统工作时的振动。

更进一步,将非等模数、非等压力角的齿轮引入行星传动系统中,设计 3 组齿轮参数:第一组模数为 3 mm,工作侧和非工作侧压力角均为 20°;第二组模数为 3.06 mm,工作侧和非工作侧压力角均为 23°;第三组模数为 3.25 mm,工作侧和非工作侧压力角均为 30°。系统参数和齿轮误差采用表 5-2 中的数据。所得到的 3 组齿轮传动系统的第二级行星轮均载系数如图 5-12 所示。

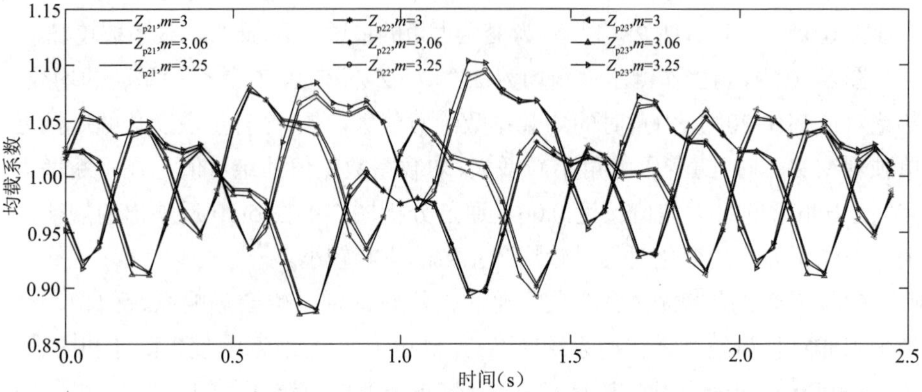

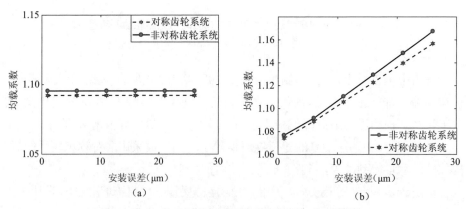

图 5-12　模数对第二级行星轮均载系数影响

在行星传动系统中,模数变化对均载系数有一定的影响,在齿轮副法向齿距相等的情况下,随着齿轮模数的增加,均载系数会相应增大,模数增加 0.25 mm,均载系数增大 0.02。

考虑安装误差(A)对均载系数的影响时,保持偏心误差(E)不变,改变系统中各齿轮的安装误差,获得系统的均载曲线,如图 5-13、图 5-14 所示。其中,图 5-13(a)为大行星轮安装误差与均载系数的关系,图 5-13(b)为太阳轮安装误差与均载系数的关系,图 5-14(a)为小行星轮安装误差与均载系数的关系,图 5-14(b)为内齿轮安装误差与均载系数的关系。

图 5-13　安装误差对大行星轮均与太阳轮载系数影响
(a)大行星轮　(b)太阳轮

由图 5-13（a）和图 5-14（a）可知，随着两级行星轮安装误差的增大，系统的两级均载系数保持不变；由图 5-13（b）和图 5-14（b）可知，太阳轮安装误差、内齿轮安装误差增大的同时，系统的均载系数也在增大。该结果揭示了太阳轮安装误差的增大，会破坏载荷的均衡，均载系数就会变大。

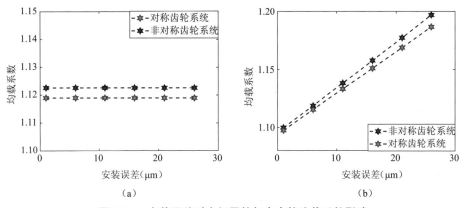

图 5-14　安装误差对小行星轮与内齿轮均载系数影响
（a）小行星轮　（b）内齿轮

对于非对称行星齿轮传动系统，太阳轮、行星轮在制造误差和安装误差单独作用下的均载系数对比，如图 5-15 所示。制造误差单独作用，即安装误差和其他齿轮误差均为 0；安装误差单独作用，即制造误差和其他齿轮误差均为 0。从图 5-15 中可以看出，当安装误差单独作用或制造误差单独作用时，均载系数的变化规律不同。无论是太阳轮还是行星轮，制造误差单独作用下的均载系数大于安装误差单独作用下的均载系数。所以相比于安装误差，均载系数对于制造误差更加敏感，故要合理控制齿轮的制造误差，从而保证传动过程中，行星轮受载均匀，系统传动平稳。

除了制造误差、安装误差外，行星轮的受载情况与输入功率息息相关。输入功率越大，轮齿间的载荷就越大，浮动构件的浮动量、啮合点的弹性变形也会发生变化。为了探究外部参量对均载系数的影响，选取输入功率和输入转速为自变量，输入功率从 1 000 kW 增加到 3 000 kW，各行星轮的均载系数变化情况如图 5-16 所示。从图 5-16 中可以看出，在一定的时间区间内，随着输入功率的增大，各行星轮的均载系数均在减小。对于传动系统而言，输入功率越大，载荷越大，传动系统的均载情况越好，并且均载系数对输入功率的变化较为敏感，功率每增加 1 000 kW，均载系数大约减小 0.15。

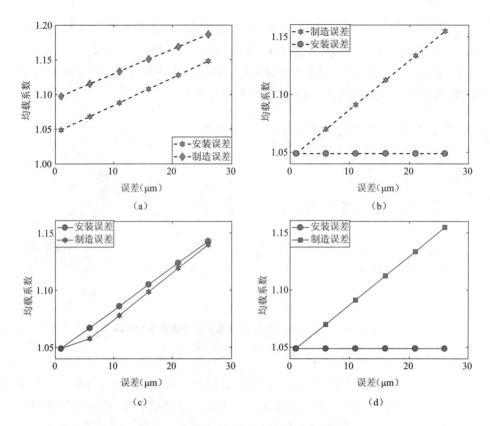

图 5-15　误差单独作用对均载系数的影响

（a）内齿轮　（b）小行星轮　（c）太阳轮　（d）大行星轮

再将输入转速作为研究对象，假定输入转速的变化范围为 20 r/min~40 r/min，所得的第一级、第二级行星轮的均载系数变化规律如图 5-17 所示。图 5-17（a）显示，随着输入转速的增加，第一级小行星轮的均载系数逐渐增大，20 r/min 时的均载系数范围为 0.94~1.06，40 r/min 时的均载系数范围为 0.83~1.13；图 5-17（b）显示，随着输入转速的增加，第二级大行星轮的均载系数也在逐渐增大，20 r/min 时的均载系数范围为 0.94~1.04，40 r/min 时的均载系数范围为 0.89~1.09。输入转速即内齿轮的转速，经过一级内齿轮传动，小行星轮的均载系数均匀增大，相比第一级小行星轮的均载情况，第二级大行星轮的均载系数变化不均匀，浮动范围较小，主要是由于经过两级传动后，误差增大，载荷均衡分布受到破坏。

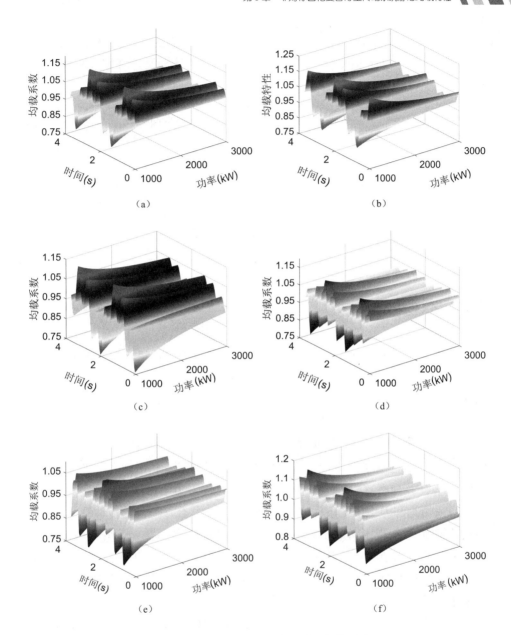

图 5-16   输入功率对行星轮均载系数的影响

（a）小行星轮 1   （b）小行星轮 2   （c）小行星轮 3   （d）大行星轮 1   （e）大行星轮 2   （f）大行星轮 3

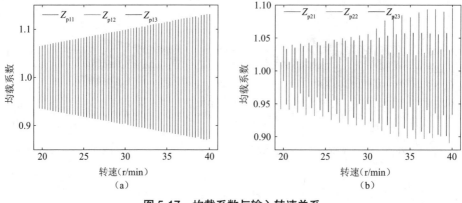

图 5-17　均载系数与输入转速关系

（a）第一级　（b）第二级

5.4　本章小结

本章从静力学平衡条件出发,建立两级非对称齿轮行星传动系统的静力学数学模型,并与两级对称齿轮行星传动系统对比,分析了非对称齿轮传动系统的均载特性和浮动量,同时还探究了外部输入对行星轮均载系数的影响,得出了均载系数的变化规律,所得结果如下。

1)考虑非对称复合行星齿轮传动系统中,各个构件的当量啮合误差和浮动件的浮动误差,建立了两级行星传动系统的静力学模型;利用静力学平衡方程和MATLAB 计算分析,获得了第一、二级传动系统的静力学均载系数。

2)采用力和力矩平衡条件建立了两级非对称复合行星齿轮传动系统的均载系数计算模型,获得了考虑压力角因素的太阳轮的均载系数差值变化规律;证明了压力角的变化使各行星轮承载和载荷分配规律也发生了相应变化;获得了对称齿轮系统和非对称齿轮系统的均载系数的变化规律及数值,得到了内齿轮和太阳轮的浮动规律。

3)在均载系数结果分析中,压力角变化较大时,两级非对称齿轮行星传动系统的均载系数也在变化,但是变化幅度较小,且不同的压力角区间增长速率也不同,同时也减小了振动幅值、增强了振动均匀性;采用非等模数、非等压力角齿轮副啮合时,其表现与单独变压力角时的现象相似,故模数和压力角的变化并不能很好地改善均载系数,但能够减轻振动与冲击,减小噪声。

4)安装误差和制造误差是影响传动的主要误差因素。在研究中发现,行星轮的安装误差不会影响均载系数,太阳轮的安装误差增大,第一、二级行星轮均载系数也随之增大;在单独误差作用下,均载系数对制造误差的变化更敏感;在外部参量的因素探究中,输入功率减小和输入转速增大,都会引起系统均载系数的增大,所以减小制造误差、适当增大功率、减小输入转速可以增强载荷均匀性。此外,非对称齿轮行星传动系统的均载系数更小。

第6章 非对称齿轮复合行星传动系统动态均载特性

6.1 非对称齿轮复合行星传动系统误差分析

6.1.1 啮合线等效误差

沿着啮合线进行等效啮合误差分析,并定义等效啮合误差的正方向为远离啮合误差的方向。图 6-3 是误差示意图,其中 E 表示制造误差,A 表示安装误差,γ 和 β 分别表示制造误差和安装误差的方向,O 是理论位置中心,O' 是实际位置中心。

太阳轮制造误差与啮合线之间的几何关系如图 6-4 所示。φ_{ESi} 表示太阳轮制造误差 E_S 与啮合线之间的夹角;φ_{ASi} 表示太阳轮安装误差 A_S 与啮合线之间的夹角;ω_S、ω_I 和 ω_p 分别表示太阳轮,内齿轮和大(小)行星轮的转速;α_{Sp} 和 α_{Ip} 分别表示外啮合传动角和内啮合传动角;φ_i 表示第 i 个大行星轮与第 1 个大行星轮之间的夹角,$\varphi_i=2\pi(i-1)/N$,$(N=1,2,3)$;t 表示时间;下标 S、p1i、p2i 和 I 分别表示太阳轮、第 i 个小行星轮、第 i 个大行星轮和内齿轮。

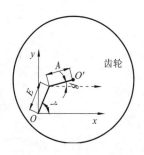

图 6-3 制造与安装误差

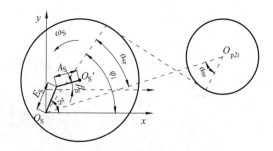

图 6-4 太阳轮的制造与安装误差

基于图 6-4 中的几何关系，φ_{ESi} 和 φ_{ASi} 分别为：

$$\begin{cases} \varphi_{ESi} = \omega_S t + \gamma_S + \alpha_{Sp} - \varphi_i \\ \varphi_{ASi} = \beta_S + \alpha_{Sp} - \varphi_i \end{cases} \tag{6-1}$$

因此，E_S 和 A_S 的等效啮合误差为

$$\begin{cases} e_{ESi} = -E_S \sin(\omega_S t + \gamma_S + \alpha_{Sp} - \varphi_i) \\ e_{ASi} = -A_S \sin(\beta_S + \alpha_{Sp} - \varphi_i) \end{cases} \tag{6-2}$$

式中：e_{ESi} 是太阳轮制造误差在啮合线上的等效啮合误差；e_{ASi} 是太阳轮安装误差在啮合线上的等效啮合误差；E_{bS} 是太阳轮轴承的制造误差；e_{EbSi} 是第 i 个大行星轮轴承制造误差在啮合线上的当量误差。

$$e_{EbSi} = -E_{bS} \sin(\omega_S t + \gamma_S + \alpha_{Sp} - \varphi_i) \tag{6-3}$$

内齿轮制造误差与啮合线之间的几何关系如图 6-5 所示。φ_{EIi} 表示 E_I 与啮合线之间的夹角；φ_{AIi} 表示 A_I 和啮合线之间的夹角。基于图 6-5 中的几何关系，φ_{EIi} 和 φ_{AIi} 可表示为

$$\begin{cases} \varphi_{EIi} = \omega_I t + \gamma_I - \alpha_{Ip} - \varphi_i \\ \varphi_{AIi} = \beta_I - \alpha_{Ip} - \varphi_i \end{cases} \tag{6-4}$$

因此，E_I 和 A_I 的等效啮合误差为

$$\begin{cases} e_{EIi} = -E_I \sin(\omega_I t + \gamma_I - \alpha_{Ip} - \varphi_i) \\ e_{AIi} = -A_I \sin(\beta_I - \alpha_{Ip} - \varphi_i) \end{cases} \tag{6-5}$$

式中：e_{EIi} 是内齿轮制造误差的等效啮合误差；e_{AIi} 是内齿轮安装误差的等效啮合误差；E_{bI} 是太阳轮轴承的制造误差；e_{EbIi} 是第 i 个小行星轮轴承制造误差在啮合线方向的当量误差。

$$e_{EbIi} = -E_{bI} \sin(\omega_I t + \gamma_I - \alpha_{Ip} - \varphi_i) \tag{6-6}$$

第 i 个小行星轮的制造误差和啮合线之间的几何关系如图 6-6 所示。φ_{EIpi} 表示 E_{pIi} 和啮合线之间的夹角；φ_{AIpi} 表示 A_I 和啮合线之间的夹角；φ_{EIpi} 和 φ_{AIpi} 可分别表示为

$$\begin{cases} \varphi_{EIpi} = \omega_p t + \gamma_{pIi} - \alpha_{Ip} - \varphi_i \\ \varphi_{AIpi} = \beta_{pIi} - \alpha_{Ip} - \varphi_i \end{cases} \tag{6-7}$$

因此，E_{pIi} 和 A_{pIi} 的等效啮合误差为

$$\begin{cases} e_{EpIi} = E_{pIi} \sin(\omega_p t + \gamma_{pIi} - \alpha_{Ip} - \varphi_i) \\ e_{ApIi} = A_{pIi} \sin(\beta_{pIi} - \alpha_{Ip} - \varphi_i) \end{cases} \tag{6-8}$$

式中：e_{EpIi} 表示第 i 个小行星轮的制造误差的等效啮合误差；e_{ApIi} 表示第 i 个小行

星轮安装误差的等效啮合误差；$E_{\text{bp1}i}$ 表示第 i 个小行星轮轴承的制造误差；$e_{E\text{bp1}i}$ 表示第 i 个小行星轮的轴承制造误差在啮合线上的当量误差。

$$e_{E\text{bp1}i} = -E_{\text{bp1}i}\sin(\omega_p t + \gamma_{\text{p1}i} + \alpha_{\text{Ip}} - \varphi_i) \tag{6-9}$$

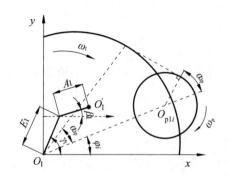

图 6-5　内齿轮制造和安装误差

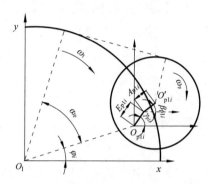

图 6-6　第 i 个小行星轮制造和安装误差

第 i 个大行星轮的制造误差和啮合线之间的几何关系如图 6-7 所示。$\varphi_{E\text{S}pi}$ 表示 $E_{\text{p2}i}$ 和啮合线之间的夹角；$\varphi_{A\text{S}pi}$ 表示 A_{S} 和啮合线之间的夹角；$\varphi_{E\text{S}pi}$ 和 $\varphi_{A\text{S}pi}$ 可分别表示为

$$\begin{cases} \varphi_{E\text{S}pi} = \omega_p t + \gamma_{\text{p2}i} + \alpha_{\text{Sp}} - \varphi_i \\ \varphi_{A\text{S}pi} = \beta_{\text{p2}i} + \alpha_{\text{Sp}} - \varphi_i \end{cases} \tag{6-10}$$

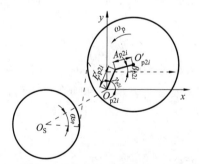

图 6-7　第 i 个大行星轮制造、安装误差

因此，$E_{\text{p2}i}$ 和 $A_{\text{p2}i}$ 的等效啮合误差为

$$\begin{cases} e_{E\text{p2}i} = E_{\text{p2}i}\sin(\omega_p t + \gamma_{\text{p2}i} + \alpha_{\text{Sp}} - \varphi_i) \\ e_{A\text{p2}i} = A_{\text{p2}i}\sin(\beta_{\text{p2}i} + \alpha_{\text{Sp}} - \varphi_i) \end{cases} \tag{6-11}$$

式中：e_{Ep2i} 表示第 i 个大行星轮的制造误差的等效啮合误差；e_{Ap2i} 表示第 i 个大行星轮的安装误差的等效啮合误差。E_{bp2i} 表示第 i 个大行星轮轴承的制造误差；e_{Ebp2i} 表示第 i 个大行星轮轴承制造误差在啮合线上的当量误差。

$$e_{Ebp2i} = -E_{bp2i}\sin(\omega_p t + \gamma_{p2i} + \alpha_{Sp} - \varphi_i) \tag{6-12}$$

此外，e_{pS} 是太阳轮的基节误差；e_{pI} 是内齿轮的基节误差；e_{ppS} 是大行星轮的基节误差；e_{ppI} 是小行星轮的基节误差；ζ_S 是太阳轮的齿廓误差；ζ_I 是内齿轮的齿廓误差；ζ_{p1i} 是第 i 个大行星轮的齿廓误差，ζ_{p2i} 是第 i 个小行星轮的齿廓误差。

6.1.2　啮合综合误差

首先，将传动系统中所有齿轮的制造误差、安装误差、基节误差和齿廓误差等分别转换为啮合线当量误差；其次，将所有这些当量误差矢量相加；最后，得到啮合综合误差。e_S 表示非对称齿轮系统第一级内齿轮传动的啮合综合误差；e_I 表示非对称齿轮系统第二级太阳轮传动的啮合综合误差。

第一级内齿轮传动的第 i 个小行星轮的等效啮合误差为

$$e_{Ii} = (e_{EIi} + e_{EbIi} + e_{Ep1i} + e_{Ebp1i} + e_{AIi} + e_{Ap1i} + e_{pI} + e_{pp1i} + \zeta_I + \zeta_{p1i})\cos\beta_b \tag{6-14}$$

第二级太阳轮传动的第 i 个大行星轮的等效啮合误差为

$$e_{Si} = (e_{ESi} + e_{EbSi} + e_{Ep2i} + e_{Ebp2i} + e_{ASi} + e_{Ap2i} + e_{pS} + e_{pp2i} + \zeta_S + \zeta_{p2i})\cos\beta_b \tag{6-15}$$

6.2　动态均载模型计算

扭矩直接施加在内齿轮上，太阳轮输出扭矩。建立固定坐标系 $Oxyz$，原点是太阳轮几何旋转中心，内齿轮以角速度 ω_I 旋转，太阳轮以角速度 ω_S 旋转；$O_{p1i}x_{p1i}y_{p1i}z_{p1i}$ 是固定坐标系，原点是小行星轮的几何旋转中心；$O_{p2i}x_{p2i}y_{p2i}z_{p2i}$ 是固定坐标系，原点是大行星轮的几何旋转中心。每个齿轮分别考虑沿 x，y 和 z 轴的微位移和围绕 z 轴的角位移。内齿轮在 x，y 和 z 轴有 3 个平移，绕 z 轴有角位移，总共 4 个自由度；大（小）行星轮和太阳轮也分别有 4 个自由度。

根据分析，该系统总共具有（8+8N）自由度，N=（1，2，3）。X 表示行星传动系统的位移矩阵，其表示为

$$X = [u_I,\ x_I,\ y_I,\ z_I,\ u_S,\ x_S,\ y_S,\ z_S,\ u_{p1i},\ x_{p1i},\ y_{p1i},\ z_{p1i},\ u_{p2i},\ x_{p2i},\ y_{p2i},\ z_{p2i}]$$

该矩阵中，x，y 和 z 分别表示各构件的微位移；u 表示构件的扭转微位移，u_I

$=\theta \times r_b$，r_b 表示齿轮基圆半径，θ 表示齿轮旋转角度，下标 I、S、p1i 和 p2i 分别代表内齿轮、太阳轮、第一级小行星轮和第二级大行星轮。

　　图 6-8 为非对称复合行星传动系统的均载模型。基于集中质量法，系统中的太阳轮，内齿轮和行星轮均设置为浮动部件，并考虑啮合刚度、啮合阻尼和啮合误差的影响，模型如图 6-9 和图 6-10 所示。

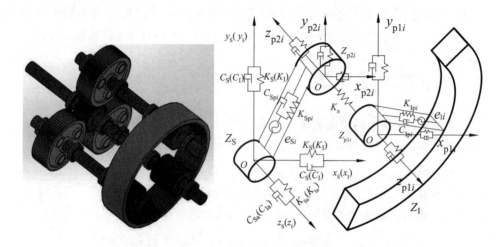

图 6-8　非对称齿轮系统均载模型

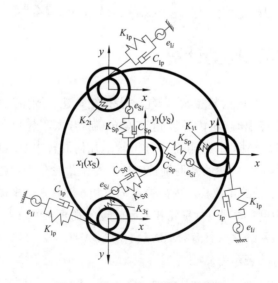

图 6-9　传动系统动力学均载模型

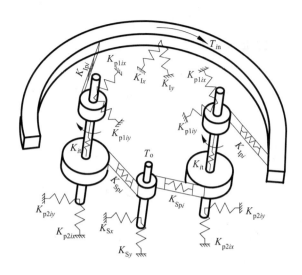

图 6-10　传动系统物理均载模型

K_{Sp}、K_{Ip} 分别表示太阳轮与大行星轮、内齿轮与小行星轮之间的啮合刚度；C_{Sp}、C_{Ip} 分别代表太阳轮与大行星轮、内齿轮与小行星轮之间的啮合阻尼；K_S、K_I、K_p 分别表示太阳轮、内齿轮、行星轮的支承刚度；K_{1t}、K_{2t}、K_{3t} 分别表示 3 个双联行星轮的耦合扭转刚度。

$$\begin{cases} \mu_{Spi} = \left[-r_{p2i}u_{p2i} - r_S u_S + (x_{p2i} - x_S)\sin A_i + (y_{p2i} - y_S)\cos A_i \right]\sin\beta + (-z_S + z_{p2i})\cos\beta + e_{Si} \\ \mu_{Ipi} = \left[r_I u_I - r_{p1i}u_{p1i} + (x_I - x_{p1i})\sin B_i + (y_{p1i} - y_I)\cos B_i \right]\sin\beta + (z_I - z_{p1i})\cos\beta + e_{Ii} \end{cases}$$

$$(6\text{-}16)$$

式中：μ_{Spi} 是第 i 个大行星轮相对于太阳轮在啮合线上的微位移；μ_{Ipi} 是内齿轮相对于第 i 个小行星轮在啮合线上的微位移。

$$\begin{cases} F_{Spi} = K_{Spi}\mu_{Spi} \\ F_{Ipi} = K_{Ipi}\mu_{Ipi} \\ D_{Spi} = C_{Spi}\dot{\mu}_{Spi} \\ D_{Ipi} = C_{Ipi}\dot{\mu}_{Ipi} \end{cases}$$

$$(6\text{-}17)$$

式中：F_{Spi} 是第 i 个大行星轮与太阳轮之间的啮合力；F_{Ipi} 是第 i 个小行星轮与内齿轮之间的啮合力；D_{Spi} 是第 i 个大行星轮与太阳轮之间的阻尼力；D_{Ipi} 是第 i 个小行星轮与内齿轮之间的阻尼力。

6.2.1　太阳轮平衡方程

图 6-11 表示齿轮系统中第 i 个大行星轮 - 太阳轮啮合副的动态模型,太阳轮的平衡方程为

$$
\begin{cases}
m_\text{S}\ddot{x}_\text{S} - \displaystyle\sum_{i=1}^{3}(F_{\text{Sp}2i} + D_{\text{Sp}2i})\sin A_i \cos\beta + K_{\text{S}x}x_\text{S} + C_{\text{S}x}\dot{x}_\text{S} = 0 \\[2mm]
m_\text{S}\ddot{y}_\text{S} - \displaystyle\sum_{i=1}^{3}(F_{\text{Sp}2i} + D_{\text{Sp}2i})\cos A_i \cos\beta + K_{\text{S}y}y_\text{S} + C_{\text{S}y}\dot{y}_\text{S} = 0 \\[2mm]
m_\text{S}\ddot{z}_\text{S} - \displaystyle\sum_{i=1}^{3}(F_{\text{Sp}2i} + D_{\text{Sp}2i})\sin\beta + K_{\text{S}z}z_\text{S} + C_{\text{S}z}\dot{z}_\text{S} = 0 \\[2mm]
J_\text{S}\ddot{u}_\text{S} - \displaystyle\sum_{i=1}^{3}(F_{\text{Sp}2i} + D_{\text{Sp}2i})r_\text{S}\cos\beta + K_{\text{S}t}u_\text{S} = -T_\text{o}
\end{cases}
\tag{6-18}
$$

式中:m_S 表示太阳轮的质量;J_S 表示太阳轮的惯性矩;T_o 表示系统输出扭矩;x_S 表示太阳轮沿 x 方向的微位移;y_S 表示太阳轮沿 y 方向的微位移;z_S 表示太阳轮沿 z 方向的微位移;u_S 表示太阳轮在 z 轴上的扭转。

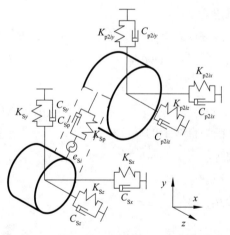

图 6-11　行星轮与太阳轮啮合副的动态模型

6.2.2　大行星轮平衡方程

图 6-12 表示传动系统中双联行星轮的动态模型。K_{it} 是第 i 个双联行星轮的耦合扭转刚度。第二级大行星轮的平衡方程为

$$\begin{cases} m_{p2i}\ddot{x}_{p2i} + (F_{Sp2i} + D_{Sp2i})\sin A_i \cos \beta + K_{p2ix}x_{p2i} + C_{p2ix}\dot{x}_{p2i} = 0 \\ m_{p2i}\ddot{y}_{p2i} + (F_{Sp2i} + D_{Sp2i})\cos A_i \cos \beta + K_{p2iy}y_{p2i} + C_{E2iy}\dot{y}_{p2i} = 0 \\ m_{p2i}\ddot{z}_{p2i} + (F_{Sp2i} + D_{Sp2i})\sin \beta + K_{p2iz}z_{p2i} + C_{p2iz}\dot{z}_{p2i} = 0 \\ J_{p2i}\ddot{u}_{p2i} + (F_{Sp2i} + D_{Sp2i})r_{p2i}\cos \beta + K_{p2it}u_{p2i} + K_{it}(u_{p2i} - u_{p1i}) = 0 \end{cases} \quad (6\text{-}19)$$

式中：m_{p2i} 表示大行星轮的质量；J_{p2i} 表示大行星轮的惯性矩；x_{p2i} 表示大行星轮沿 x 方向的微位移；y_{p2i} 表示大行星轮沿 y 方向的微位移；z_{p2i} 表示大行星轮沿 z 方向的微位移；u_{p2i} 表示大行星轮在 z 轴上的微扭转。

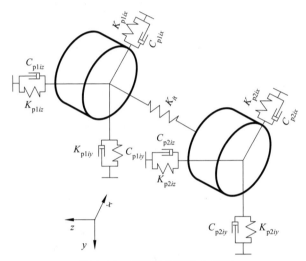

图 6-12　双联行星轮动态模型

6.2.3　小行星轮平衡方程

第一级小行星轮的平衡方程为

$$\begin{cases} m_{p1i}\ddot{x}_{p1i} - (F_{Sp1i} + D_{Sp1i})\sin A_i \cos \beta + K_{p1ix}x_{p1i} + C_{p1ix}\dot{x}_{p1i} = 0 \\ m_{p1i}\ddot{y}_{p1i} + (F_{Sp1i} + D_{Sp1i})\cos A_i \cos \beta + K_{p1iy}y_{p1i} + C_{p1iy}\dot{y}_{p1i} = 0 \\ m_{p1i}\ddot{z}_{p1i} - (F_{Sp1i} + D_{Sp1i})\sin \beta + K_{p1iz}z_{p1i} + C_{p1iz}\dot{z}_{p1i} = 0 \\ J_{p1i}\ddot{u}_{p1i} - (F_{Sp1i} + D_{Sp1i})r_{p1i}\cos \beta + K_{p1it}u_{p1i} + K_{it}(u_{p1i} - u_{p2i}) = 0 \end{cases} \quad (6\text{-}20)$$

式中：m_{p1i} 表示小行星轮的质量；J_{p1i} 表示小行星轮的惯性矩；x_{p1i} 表示小行星轮沿 x 方向的微位移；y_{p1i} 表示沿 y 方向的微位移；z_{p1i} 表示沿 z 方向的微位移；u_{p1i} 表示小行星轮沿 z 轴的微扭转。

6.2.4 内齿轮平衡方程

传动系统中第 i 个星轮与内齿轮的动态模型如图 6-13 所示。内齿轮平衡方程为

$$
\begin{cases}
m_{\mathrm{I}}\ddot{x}_{\mathrm{I}} + \sum_{i=1}^{3}(F_{\mathrm{Ip1}i} + D_{\mathrm{Ip1}i})\sin A_i \cos\beta + K_{\mathrm{I}x}x_{\mathrm{I}} + C_{\mathrm{I}x}\dot{x}_{\mathrm{I}} = 0 \\[2mm]
m_{\mathrm{I}}\ddot{y}_{\mathrm{I}} - \sum_{i=1}^{3}(F_{\mathrm{Ip1}i} + D_{\mathrm{Ip1}i})\cos A_i \cos\beta + K_{\mathrm{I}y}y_{I} + C_{\mathrm{I}y}\dot{y}_{\mathrm{I}} = 0 \\[2mm]
m_{\mathrm{I}}\ddot{z}_{\mathrm{I}} - \sum_{i=1}^{3}(F_{\mathrm{Ip1}i} + D_{\mathrm{Ip1}i})\sin\beta + K_{\mathrm{I}z}z_{\mathrm{I}} + C_{\mathrm{I}z}\dot{z}_{\mathrm{I}} = 0 \\[2mm]
J_{\mathrm{I}}\ddot{u}_{\mathrm{I}} + \sum_{i=1}^{3}(F_{\mathrm{Ip1}i} + D_{\mathrm{Ip1}i})r_{\mathrm{I}}\cos\beta + K_{\mathrm{I}t}u_{\mathrm{I}} = T_{in}
\end{cases}
\tag{6-21}
$$

式中：m_{I} 表示内齿轮的质量；J_{I} 表示内齿轮的惯性矩；x_{I} 表示内齿轮沿 x 方向的微位移；y_{I} 表示内齿轮沿 y 方向的微位移；z_{I} 表示内齿轮沿 z 方向的微位移；u_{I} 表示内齿轮沿 z 轴的微扭转。

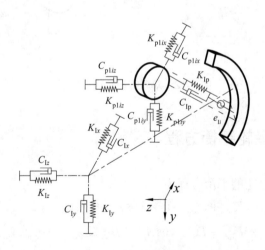

图 6-13　行星轮和内齿轮啮合副动态模型

6.3　动态均载特性研究

以两级非对称复合行星传动系统为研究对象,各齿轮的基本参数值、太阳轮、内齿轮和行星轮的误差见表 6-2。传动系统的均载系数表达式见式(6-22)和式(6-23),所有行星轮中均载系数的最大值定义为该传动系统的均载系数,表达式见式(6-24)和式(6-25)。用 ODE45 命令求解式(6-16)至式(6-25),可以得到每个行星轮与太阳轮之间的啮合力,如图 6-14 和图 6-15 所示,从而获得第一级和第二级传动的均载系数,如图 6-16 和图 6-17 所示。

表 6-2　参数计算数值

参数	单位	Z_1	Z_{p1i}	Z_{p2i}	Z_S
齿数	—	160	40	80	40
法向模数	mm	3	3	3	3
压力角	°	20/30	20/30	20/30	20/30
基圆螺旋角	°	14	14	14	14
啮合刚度	N/m	2×10^{10}	2×10^{10}	1×10^{10}	1×10^{10}
支承刚度	N/m	1×10^{13}	1×10^{13}	2×10^{13}	2×10^{13}
啮合阻尼	N·s/m	1×10^{6}	1×10^{6}	1×10^{6}	1×10^{6}
扭转刚度	N/m	1×10^{10}	1×10^{10}	1×10^{10}	1×10^{10}
耦合刚度	N/m	—	1×10^{10}	1×10^{6}	—
输入转速	r/min	17	—	—	—
输入扭矩	N·m	3×10^{5}	—	—	—
制造误差	μm	6	6	6	6
初始相位	rad	0.5	0.5	0.5	0.5
安装误差	μm	6	6	6	6

$$\Omega_{\mathrm{lp}i} = \frac{NF_{\mathrm{lp}i}}{\sum_{i=1}^{N} F_{\mathrm{lp}i}} \tag{6-22}$$

$$\Omega_{Spi} = \frac{NF_{Spi}}{\sum\limits_{i=1}^{N} F_{Spi}} \qquad (6\text{-}23)$$

$$\Omega_{Ip} = (\Omega_{Ipi})_{max} = \frac{N(F_{Ipi})_{max}}{\sum\limits_{i=1}^{N} F_{Ipi}} \qquad (6\text{-}24)$$

$$\Omega_{Sp} = (\Omega_{Spi})_{max} = \frac{N(F_{Spi})_{max}}{\sum\limits_{i=1}^{N} F_{Spi}} \qquad (6\text{-}25)$$

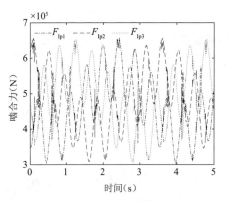

图 6-14　第一级传动啮合力

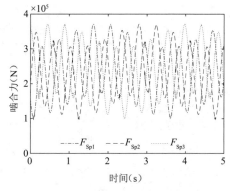

图 6-15　第二级传动啮合力

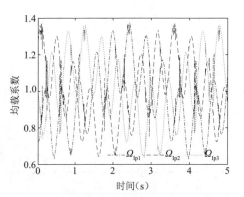

图 6-16　第一级小行星轮均载系数

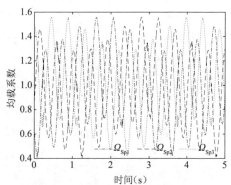

图 6-17　第二级大行星轮均载系数

6.3.1　压力角对均载特性影响规律

在图 6-16 和图 6-17 中,第一级内啮合传动的均载系数为 1.368 5,第二级外啮合传动的均载系数为 1.556 5。采用相同的设计,变量为压力角,工作侧齿廓的压力角从 20° 增加到 34°,得到的每个行星轮的动态均载系数,见表 6-3 和表 6-4。

1)外啮合副的非工作侧压力角保持 20° 不变,工作侧压力角从 20° 开始逐渐增大到 34°,在此过程中均载系数的变化见表 6-3。

表 6-3　外啮合副压力角变化时的均载系数

压力角(°)	均载系数	压力角(°)	均载系数
20	1.556 5	28	1.556 3
22	1.556 4	30	1.556 2
24	1.575 2	32	1.556 2
26	1.556 3	34	1.575 4

2)内啮合副的非工作侧压力角保持 20° 不变,工作侧压力角从 20° 开始逐渐增大到 34°,在这过程中均载系数的变化见表 6-4。

表 6-4　内啮合副压力角变化时的均载系数

压力角(°)	均载系数	压力角(°)	均载系数
20	1.3685	28	1.3701
22	1.3792	30	1.3671
24	1.3657	32	1.3676
26	1.3710	34	1.3658

由于压力角不同,动态方程参数在啮合线上的投影会发生变化,内外啮合线上的动态载荷也相应变化,从而影响均载系数。从表 6-3 和表 6-4 可以看出,当压力角不同时,第一级内啮合传动的均载系数在 1.36 和 1.38 之间变化,第二级外啮合传动的均载系数系统在 1.55 和 1.58 之间变化。随着工作侧压力角的变化,系统的均载系数会有波动。因此,在设计非对称齿轮行星传动系统时,应寻求最合适的压力角,使系统具有更好的载荷分担效果。

6.3.2 误差对均载特性影响规律

保持系统中其他参数不变,工作侧压力角为 30°,分别改变某一参数来研究该参数对均载系数的影响。为了比较,分别改变太阳轮、内齿轮、大行星轮和小行星轮的误差,以获得系统的均载系数,如图 6-18 和图 6-19 所示。外啮合齿轮副的误差变化对均载系数影响较大,而内啮合齿轮副的误差的影响较小。随着制造误差和安装误差的增大,系统的均载系数也增大,因此有必要控制系统的误差,降低行星轮负载的波动,特别是对于多级传输系统的负载分担特性,传输级数越高,误差对负载的影响越明显。

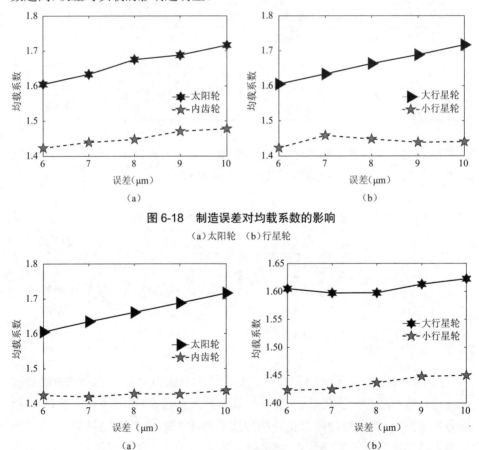

图 6-18　制造误差对均载系数的影响

(a)太阳轮　(b)行星轮

图 6-19　安装误差对均载系数的影响

(a)太阳轮　(b)行星轮

6.3.3　刚度／阻尼对均载特性影响规律

研究内齿轮支承刚度对均载系数的影响时,使其他齿轮的支承刚度保持不变,内齿轮的支承刚度为 $2\times10^{12}{\sim}10\times10^{12}$ N/m;在研究太阳轮支承刚度对均载系数的影响时,保持其他齿轮的支承刚度不变,太阳齿轮的支承刚度为 $2\times10^{12}{\sim}10\times10^{12}$ N/m。第一级和第二级传动的均载系数变化如图 6-20 所示。随着太阳轮的支承刚度增大,均载系数也随之增加,而且第二级传动系统的均载系数所受到的影响更大;内齿轮、行星轮的情况却与之相反,随着支承刚度的增大,内齿轮、行星轮的均载系数却在减小。总体而言,行星轮支承刚度引起的均载系数变化没有太阳轮支承刚度的影响明显。

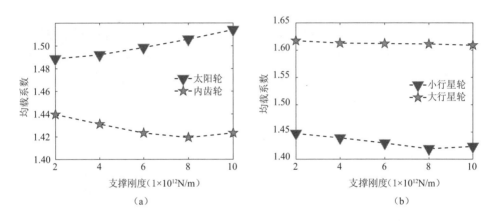

图 6-20　支承刚度对均载系数的影响

（a）太阳轮　（b）行星轮

在研究第一级传动系统的啮合阻尼对均载系数的影响时,保持其他参数不变,第一级系统的阻尼为 $0.5\times10^{6}{\sim}2.5\times10^{6}$ N/m;在研究第二级传动系统的啮合阻尼对均载系数的影响时,其他参数保持不变,第二级系统的阻尼为 $0.5\times10^{6}{\sim}2.5\times10^{6}$ N/m。第一级传动和第二级传动在不同啮合阻尼条件下的均载系数如图 6-21 所示。啮合阻尼的变化对第二级传动的均载系数的影响较小,对第一级传动的均载系数影响较大。在应用过程中,要注意太阳轮与大行星轮之间的啮合阻尼,使载荷更加平均。

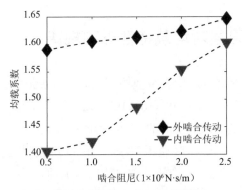

图 6-21　啮合阻尼对均载系数影响

6.3.4　初始相位对均载特性影响规律

在研究安装误差初始相位对均载系数的影响时,使其他误差的初始相位保持不变,第一级传动系统中齿轮安装误差的初始相位为 0~90°,第二级传动系统中齿轮安装误差的初始相位为 0~90°。初始相位对第一级传动 和第二级传动的均载系数的影响如图 6-23 所示。

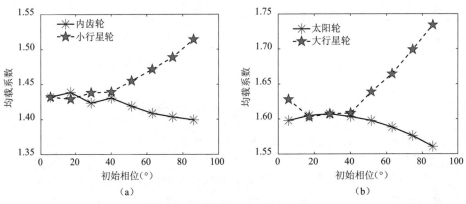

图 6-23　初始相位对均载系数影响

(a)第一级　(b)第二级

在太阳轮的安装误差的初始相位增大的过程中,第一、二级传动系统的均载系数先增大,到初始相位为 30° 左右时,均载系数达到最大,进而逐渐减小;当星轮的安装误差的初始相位逐渐增大时,系统的均载系数先减小,后增大。故在非对称齿轮传动系统设计中,对于安装误差的初始相位角要合理选取,使行星轮受载更为均匀。

6.3.5　输入扭矩对均载特性影响规律

为了研究输入扭矩对传动系统的均载性能的影响,改变输入扭矩并计算系统的均载系数,如图 6-22 所示。从图 6-22 可以看出,随着输入扭矩的增加,非对称齿轮传动系统的均载系数减少,行星轮的载荷不均匀性减弱,这与现有的研究结果一致。同时,在相同输入扭矩下,非对称齿轮行星传动系统的均载系数小于对称齿轮传动系统的均载系数。

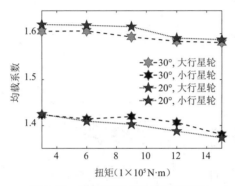

图 6-22　输入扭矩对均载系数影响

6.4　基于 ADAMS 虚拟样机技术的传动系统数值仿真验证

以平均输入转速为 17 r/min、额定负载转矩为 3.75×10^4 N·m 为工况进行基于 ADAMS 软件的动力学仿真,仿真数据见表 6-2。内、外啮合副的刚度系数分别为 3.5×10^{10} N/m、3.1×10^{10} N/m;阻尼系数分别为 3.7×10^6 N·s/m、3.1×10^6 N·s/m。力指数取 1.5,最大穿透深度取 1×10^{-4} m,不计摩擦。采用 step 阶跃函数使转速在 0.01 s 内从 0 增加到 17 r/min,使负载转矩在 0.01 s 内从 0 增加到 3.75×10^4 N·m。设置仿真终止时间为 5 s,仿真步长为 0.001 s,在动力学仿真结果中提取两级齿轮啮合力数据,获得第一、二级传动系统各行星轮与太阳轮接触副的啮合力。对于仿真结果,提取第一级内啮合传动中 3 个行星轮的啮合力如图 6-24 所示,第二级外啮合的啮合力如图 6-25 所示。利用式(6.22)至式(6.25)计算出两级行星传动系统中行星轮的均载系数,对称齿轮传动系统的均载系数曲线如图 6-26 所示,非对称齿轮传动系统的均载系数曲线如图 6-27 所示。

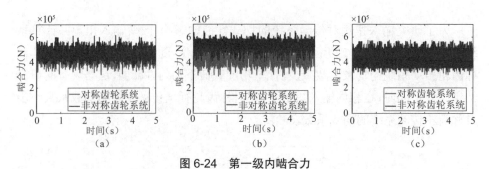

图 6-24　第一级内啮合力

（a）小行星轮 1　（b）小行星轮 2　（c）小行星轮 3

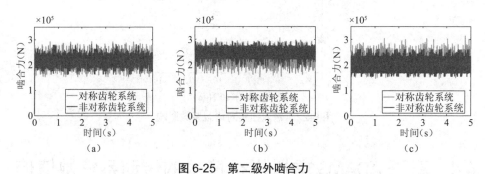

图 6-25　第二级外啮合力

（a）大行星轮 1　（b）大行星轮 2　（c）大行星轮 3

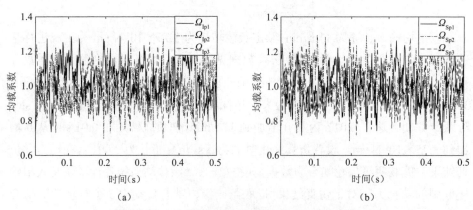

图 6-26　对称齿轮复合行星传动系统均载系数

（a）第一级　（b）第二级

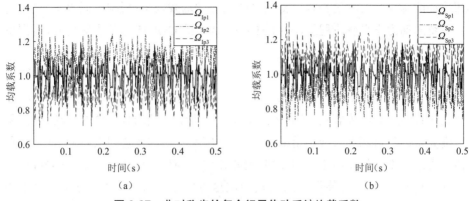

图 6-27　非对称齿轮复合行星传动系统均载系数

(a)第一级　(b)第二级

图 6-24 和图 6-25 显示了对称齿轮传动系统和非对称齿轮传动系统行星轮与太阳轮之间的啮合力情况,该结果与 MATLAB 求解的啮合力相吻合(图 6-14 和图 6-15)。在相同工况下,非对称齿轮传动系统的啮合力从 0 开始,在 0.01 s 内变化到正常工况下的啮合力值;从力的幅值分布来看,非对称齿轮传动系统的啮合力变化区间要小于对称齿轮传动系统,这会减小力的变化与冲击,从而减小系统振动,降低系统噪声。

图 6-26 和图 6-27 揭示了动力学仿真下对称齿轮传动系统和非对称齿轮传动系统的动态均载系数变化规律。由于均载系数的变化呈现周期性,故取前 0.5 s,可以发现非对称齿轮传动系统的均载系数与对称齿轮传动系统的均载系数变化较小。总体上看,非对称系统的均载系数变动较对称齿轮的均载系数变化范围小,对于任一个行星轮而言,均载系数变化越小越好,可使系统稳定性增强。

6.5　本章小结

根据建立的两级非对称复合行星齿轮传动系统的动力学模型,运用集中质量法和 MATLAB 中的 ODE45 函数进行求解,得出了两级传动系统中行星轮的均载曲线图,分析了传动系统中误差、刚度、阻尼系数和输入扭矩等对两级非对称复合行星传动系统均载性能的影响,并运用 ADAMS 软件仿真分析了上述工况下的啮合力,求解出动态均载系数。具体结论如下。

1)分析了齿轮的多种误差和轴承的制造误差,依据集中质量法,建立构件全部浮动的两级非对称复合行星传动系统动力学均载模型；根据达朗贝尔原理，建立系统的动力学平衡方程组，利用 MATLAB 中的 ODE45 函数求解矩阵，得到系统的动态均载系数。

2）分析了压力角、误差、刚度、阻尼等对系统均载系数的影响。其中，限定单一变量，定量分析自变量单独作用时，对行星轮均载系数的影响，并与对称齿轮系统进行对比。结果表明，压力角的变化能够引起系统均载系数的波动，但并无明确关系；误差控制时，应尽量减小误差；刚度和阻尼的变化因太阳轮、行星轮和传动等级的不同呈现出不同的规律；初始相位对均载系数也有一定的影响，在设计系统时应该考虑安装误差的初始相位这一因素，同时还要考虑输入扭矩的影响。

3）运用 ADAMS 软件仿真工况下的齿轮传动系统，求解啮合力，通过对比对称齿轮传动系统，得到了非对称齿轮传动系统啮合力与均载系数的变化规律。结果表明，非对称齿轮传动系统的工作状况更加平稳，与 MATLAB 软件所得结果相吻合，从另一侧面论证了非对称齿轮传动系统的优越性。

第3篇　功率分流传动系统——人字齿轮行星传动系统

　　人字齿轮行星传动系统因其体积小、寿命长、质量轻、结构复杂、具有大传动比和高承载能力等特点,广泛应用于船舶、航空、航天及风力发电等领域。人字齿轮行星传动系统的可靠性及稳定性对于保障设备正常运行具有极其重要的意义,在很大程度上决定一个工业设备的性能和寿命。在工业设备面向更大扭矩、更高速度、更高精度和更小质量发展时,均载特性作为体现人字齿轮行星传动系统的传动稳定性及可靠性的一个重要参考指标,易受传动系统内部参数的影响。因此,研究人字齿轮行星传动系统在制造与安装过程中的参数变化对其系统均载特性的影响机理,具有重要的现实应用价值与理论意义。

　　以人字齿轮行星传动系统为研究对象,围绕其传动系统的均载特性机理,重点开展系统刚度变化、柔性化、部件浮动及制造安装过程中的多重耦合误差对传动系统均载特性影响机理的研究,为航空发动机领域中的人字齿轮行星传动系统设计与优化提供一种新的思路。本篇中的主要研究工作如下。

　　1)基于一种人字齿轮行星齿轮减速箱,分析其中的理论基础和传动系统内部激励。在第7章中,基于集中参数理论和拉格朗日法,建立人字齿轮行星传动系统的均载特性动力学数学模型。同时,对传动系统运行中的动态啮合激励和模态特性进行研究,得到行星传动系统动态运行中的影响激励。

　　2)以人字齿轮行星传动系统为研究对象,考虑内部啮合误差等的影响,综合考虑在理想状况下支承刚度、耦合扭转刚度及啮合刚度等因素对人字齿轮行星传动系统均载特性的影响。在第8章中,研究人字齿轮行星传动系统的系统刚度变化对传动系统均载特性的影响机理,研究人字齿轮行星传动系统中支承刚度变化、人字齿轮左右端耦合扭转刚度及内外啮合线上的啮合刚度变化对传动系统均载特性的影响机理。

　　3)人字齿轮行星传动系统是减速器的重要组成部分,柔性支承和部件浮动在很大程度上影响其均载特性,而均载特性是评估行星齿轮支承稳定性和可靠性的关键指标。然而,由于受在制造和安装过程中不可避免的误差以及轮齿啮合过程中的弹性变形等的影响,负载不能在齿轮之间均匀地分布。因此,在变速器设计中,必须考虑齿轮之间的不均匀分布负载。在第9章中,研究人字齿轮行星传动系统在太阳轮正常支承及太阳轮浮动两种工况下,柔性支承对传动系统均载特性的影响机理。改变人字齿轮的支承结构,以实现传动系统的柔性化支承。研究传动系统在两种不同工况下的固有特性,并将两种工况进行对比,得到柔性化与部件浮动的影响机理。

4)研究人字齿轮行星传动系统内部误差激励对传动系统均载特性的影响机理,研究人字齿轮行星传动系统受各部件的制造误差、安装误差、多重耦合安装误差、多重耦合制造误差及所有部件的安装与制造多重耦合误差影响下的均载特性变化规律。在第10章中,创新性地研究了多误差耦合作用对传动系统均载特性的影响机理。同时,为了直观地研究多重耦合误差对均载特性的影响机理,在人字齿轮行星传动系统的动态模型中不考虑啮合接触润滑等干扰条件。最后,对整个系统的三维结构进行设计,并将实验平台以虚拟样机的形式进行模拟仿真。在模拟仿真中,采用ADAMS软件对所提出的数学模型以及传动系统的动态特性数值计算结果进行验证。

第7章　人字齿轮行星传动系统动力学模型

7.1　人字齿轮行星传动系统动力学方程

7.1.1　等效位移

采用集中参数法建立人字齿轮行星传动系统的弯曲－扭转－轴向耦合动力学模型,如图 7-1 所示。在建模过程中,除了考虑各构件的弯曲扭转之外,还考虑由制造误差和安装误差引起的人字齿轮的动力学动态性能改变;同时,轮齿和支承被简化为弹簧和阻尼,各行星轮均匀分布在太阳轮周围,且假定质量、轴承支承刚度等参数完全相同;人字齿轮视为左右端除了旋向外,由完全相同的两个斜齿轮耦合而成。其中,XOY 为定坐标系,xOy 为动坐标系。

不考虑输入、输出轴的影响,输入扭矩直接作用于行星架上。每个单斜齿轮分别具有沿 x、y、z 轴方向的平动以及绕 z 轴方向的转动。因此,每个人字齿轮具有由左右 2 个斜齿轮耦合而成的 8 个自由度。行星架只有沿 x、y、z 轴平动以及绕 z 轴方向的转动,具有 4 个自由度。考虑到人字齿轮被分为左右两端,下标 L 代表左端斜齿轮,下标 R 代表右端斜齿轮。此外,下标 s 表示太阳轮,下标 r 表示内齿圈。故该系统具有 $8N+20$ 个自由度,则广义坐标为

$$\begin{cases} x_{sL}, y_{sL}, z_{sL}, \theta_{sL}, x_{sR}, y_{sR}, z_{sR}, \theta_{sR} \\ x_{piL}, y_{piL}, z_{piL}, \theta_{piL}, x_{piR}, y_{piR}, z_{piR}, \theta_{piR} \\ x_{rL}, y_{rL}, z_{rL}, \theta_{rL}, x_{rR}, y_{rR}, z_{rR}, \theta_{rR} \\ x_c, y_c, z_c, \theta_c \end{cases} \qquad (7-1)$$

式中,x、y、z 分别为构件的横向、纵向和轴向位移;θ 为构件的角位移;$i=1,\ 2,\ \cdots,\ N$,为第 i 个行星轮。

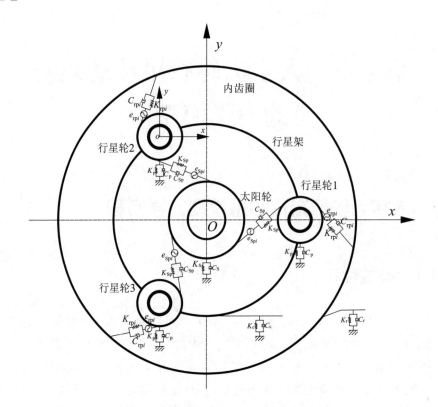

图 7-1　人字齿轮行星传动系统动力学模型

为简化角位移在相应基圆切向上的等价线位移，有

$$
\begin{cases}
u_{Si} = r_{bS} \cdot \theta_{Si} \\
u_{ri} = r_{br} \cdot \theta_{ri} \\
u_c = r_c \cdot \theta_c \\
u_{pij} = r_{bpj} \cdot \theta_{pij}
\end{cases}
\tag{7-2}
$$

式中：$i=$L，R，表示该构件的左端和右端；$j=1$，2，$\cdots N$，代表第 j 个行星轮；r_{bS}、r_{bpj}、r_{br} 分别为太阳轮、第 j 个行星轮和内齿圈的基圆半径；r_c 为行星轮中心到行星架回转中心的距离，即

$$
r_c = r_S + r_p
\tag{7-3}
$$

式中，r_S、r_p 分别为太阳轮和行星轮的基圆半径。

图 7-2 为行星轮各构件的相对位置在齿轮端面上的投影关系。根据图 7-2 可以求出各构件之间的相对位移在啮合线或坐标系上的投影。

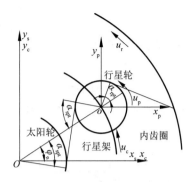

图 7-2　人字齿轮行星传动系统中各构件相对位置关系

太阳轮与行星轮相对位移沿啮合线方向的投影为

$$\begin{cases} \delta_{spiL} = [(x_{sL}-x_{piL})\sin\psi_{spi}+(y_{sL}-y_{piL})\cos\psi_{spi}+r_s\theta_{zsL}+r_{pi}\theta_{zpiL}]\cos\beta_b \\ \qquad\quad +(-z_{sL}+z_{piL})\sin\beta_b+e_{spiL} \\ \delta_{spiR} = [(x_{sR}-x_{piR})\sin\psi_{spi}+(y_{sR}-y_{piL})\cos\psi_{spi}+r_s\theta_{zsR}+r_{pi}\theta_{zpiR}]\cos\beta_b \\ \qquad\quad +(z_{sR}-z_{piR})\sin\beta_b+e_{spiR} \end{cases}$$

$$(7\text{-}4)$$

行星轮与内齿圈相对位移沿啮合线方向的投影为

$$\begin{cases} \delta_{rpiL} = [(-x_{rL}+x_{piL})\sin\psi_{rpi}+(y_{rL}-y_{piL})\cos\psi_{rpi}+r_r\theta_{zrL}-r_{pi}\theta_{zpiL}]\cos\beta_b \\ \qquad\quad +(z_{rL}-z_{piL})\sin\beta_b+e_{rpiL} \\ \delta_{rpiR} = [(-x_{rR}+x_{piR})\sin\psi_{rpi}+(y_{rR}-y_{piR})\cos\psi_{rpi}+r_r\theta_{zrR}-r_{pi}\theta_{zpiR}]\cos\beta_b \\ \qquad\quad +(-z_{rR}+z_{piR})\sin\beta_b+e_{rpiR} \end{cases}$$

$$(7\text{-}5)$$

其中，

$$\psi_{spi}=\begin{cases} \phi_{sp}-\alpha_{pi}, & T_{in}\text{方向为逆时针方向} \\ -\phi_{sp}-\alpha_{pi}, & T_{in}\text{方向为顺时针方向} \end{cases} \quad (7\text{-}6)$$

$$\psi_{rpi}=\begin{cases} \phi_{rp}+\alpha_{pi}, & T_{in}\text{方向为逆时针方向} \\ -\phi_{rp}-\alpha_{pi}, & T_{in}\text{方向为顺时针方向} \end{cases} \quad (7\text{-}7)$$

$$\beta_b=\arccos\left(\sqrt{1-\left(\sin\beta\cos^2\alpha_n\right)}\right) \quad (7\text{-}8)$$

式中，α_n 为端面压力角，α_{pi} 为行星轮端面压力角，β 为螺旋角，β_b 为基圆螺旋角，ϕ_{sp}、ϕ_{rp} 分别为太阳轮和内齿圈的位置角，T_{in} 为太阳轮的输入扭矩。

7.1.2 太阳轮－行星轮啮合方程

图 7-3 所示为太阳轮与行星轮啮合的动力学模型,根据动力学模型以及牛顿第二定律,采用集中参数法可列出其啮合微分方程。

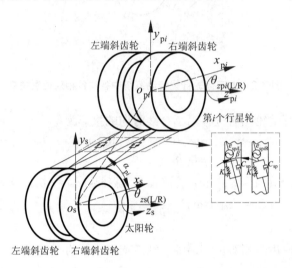

图 7-3 太阳轮－行星轮啮合动力学模型

设

$$\begin{cases} F_{spiL} = K_{sp} \times \delta_{spiL} \\ D_{spiL} = C_{sp} \times \dot{\delta}_{spiL} \end{cases} \tag{7-9}$$

式中,K_{sp}、C_{sp} 分别为啮合刚度与啮合阻尼。啮合微分方程为

$$\begin{cases} m_s \ddot{x}_{sk} + (F_{spik} + D_{spij}) \sin\psi_{spi} \cos\beta + K_s x_{sk} + C_s \dot{x}_{sk} + \\ \qquad K_{sb}(x_{sk} - x_{sj}) + C_{sb}(\dot{x}_{sk} - \dot{x}_{sj}) = 0 \\ m_s \ddot{y}_{sk} + (F_{spik} + D_{spij}) \cos\psi_{spi} \cos\beta + K_s y_{sk} + C_s \dot{y}_{sk} + \\ \qquad K_{sb}(y_{sk} - y_{sj}) + C_{sb}(\dot{y}_{sk} - \dot{y}_{sj}) = 0 \\ m_s \ddot{z}_{sk} - (F_{spik} + D_{spik}) \sin\beta + K_{sa} z_{sk} + C_{sa} \dot{z}_{sk} + \\ \qquad K_{sa12}(z_{sk} - z_{sj}) + C_{sa12}(\dot{z}_{sk} - \dot{z}_{sj}) = 0 \\ I_{sz} \ddot{\theta}_{zi} + (F_{spik} + D_{spij}) r_s \cos\beta + K_{1t}(u_{sk} - u_{sj}) + C_{1t}(\dot{u}_{sk} - \dot{u}_{sj}) = \dfrac{T_{in}}{2N} \end{cases} \tag{7-10}$$

与式(7-10)相对应的行星轮的啮合微分方程为

$$\begin{cases} m_\text{p}\ddot{x}_{pik} - (F_{spik} + D_{spik})\sin\alpha_{sn}\cos\beta + K_\text{p}x_{pik} + C_\text{p}\dot{x}_{pik} + \\ \qquad K_{pb}(x_{pik} - x_{pij}) + C_{pb}(\dot{x}_{pik} - \dot{x}_{pij}) = 0 \\ m_\text{p}\ddot{y}_{pik} - (F_{spik} + D_{spik})\sin\alpha_{sn}\cos\beta + K_\text{p}(y_{pik} - r_\text{c}u_\text{c}) + \\ \qquad C_\text{p}(\dot{y}_{pik} - r_\text{c}\dot{u}_\text{c}) + K_{pb}(y_{pik} - y_{pij}) + C_{pb}(\dot{y}_{pik} - \dot{y}_{pij}) = 0 \\ m_\text{p}\ddot{z}_{pik} + (F_{spik} + D_{spik})\sin\alpha_{sn}\cos\beta + K_{pa}z_{pik} + C_{pa}\dot{z}_{pik} + \\ \qquad K_{p12}(z_{pik} - z_{pij}) + C_{p12}(\dot{z}_{pik} - \dot{z}_{pij}) = 0 \\ I_{pz}\ddot{\theta}_{pizk} + (F_{spik} + D_{spik})r_{pik}\cos\beta + K_{2t}(u_{pik} - u_{pij}) + C_{2t}(\dot{u}_{pik} - \dot{u}_{pij}) = 0 \end{cases} \tag{7-11}$$

式（7-10）和式（7-11）中：k=L、R；j=R、L；m_p 为行星轮的等效质量；K_p 为行星轮径向支承刚度；C_p 为行星轮径向支承阻尼；K_{pa} 为行星轮轴向支承刚度；C_{pa} 为行星轮轴向支承阻尼；K_{pb} 为行星轮扭转刚度；C_{pb} 为行星轮扭转阻尼；K_{p12} 为两斜齿轮间的轴向刚度；C_{p12} 为两斜齿轮之间的轴向阻尼；I_{pz} 为太阳轮等效转动惯量；K_{t} 为左右端耦合扭转刚度；C_{2t} 为左右端耦合扭转阻尼。

综合式（7-10）与式（7-11），所得到的矩阵形的表达式为

$$\begin{bmatrix} M_s & 0 \\ 0 & M_\text{p} \end{bmatrix} \begin{Bmatrix} \ddot{X}_s(t) \\ \ddot{X}_\text{p}i(t) \end{Bmatrix} + \begin{bmatrix} C_{spi}^{11} & C_{spi}^{12} \\ sym & C_{spi}^{22} \end{bmatrix} \begin{Bmatrix} \dot{X}_s(t) \\ \dot{X}_\text{p}i(t) \end{Bmatrix} + \begin{bmatrix} K_{spi}^{11} & K_{spi}^{12} \\ sym & K_{spi}^{22} \end{bmatrix} \begin{Bmatrix} X_s(t) \\ X_\text{p}i(t) \end{Bmatrix} = \begin{Bmatrix} f_{sm} + f_{si}(t) \\ f_{spi}(t) \end{Bmatrix} \tag{7-12}$$

式中：sym 表示符号变量；f_{sm} 为太阳轮的啮合频率。

7.1.3　行星轮–内齿圈啮合方程

图 7-4 所示为行星轮与内齿圈啮合的动力学模型，根据动力学模型以及牛顿第二定律，采用集中参数法可列出其啮合微分方程为

设

$$\begin{cases} F_{rpiL} = K_{rp} \times \delta_{rpiL} \\ D_{rpiL} = C_{rp} \times \dot{\delta}_{rpiL} \end{cases} \tag{7-13}$$

式中，K_{rp}、C_{rp} 分别为啮合刚度与啮合阻尼。啮合微分方程如式（7-22）所示，

$$\begin{cases} m_\text{r}\ddot{x}_{rk} - (F_{rpik} + D_{rpik})\sin\psi_{rpi}\cos\beta + K_\text{r}x_{rk} + C_\text{r}\dot{x}_{rk} + \\ \qquad K_{rb}(x_{rk} - x_{rj}) + C_{rb}(\dot{x}_{rk} - \dot{x}_{rj}) = 0 \\ m_\text{r}\ddot{y}_{rk} + (F_{rpik} + D_{rpik})\cos\psi_{rpi}\cos\beta + K_\text{r}y_{rk} + C_\text{r}\dot{y}_{rk} + \\ \qquad K_{rb}(y_{rk} - y_{rj}) + C_{rb}(\dot{y}_{rk} - \dot{y}_{rj}) = 0 \\ m_\text{r}\ddot{z}_{rk} - (F_{rpik} + D_{rpik})\sin\beta + K_{ra}z_{rk} + C_{ra}\dot{z}_{rk} + \\ \qquad K_{r12}(z_{rk} - z_{rj}) + C_{r12}(\dot{z}_{rk} - \dot{z}_{rj}) = 0 \\ I_{rz}\ddot{\theta}_{zk} + (F_{rpik} + D_{rpik})r_\text{r}\cos\beta + K_{rt}\theta_{zrk} + C_{rt}\dot{u}_{zrk} + \\ \qquad K_{3t}(u_{rk} - u_{rj}) + C_{3t}(\dot{u}_{rk} - \dot{u}_{rj}) = 0 \end{cases} \tag{7-14}$$

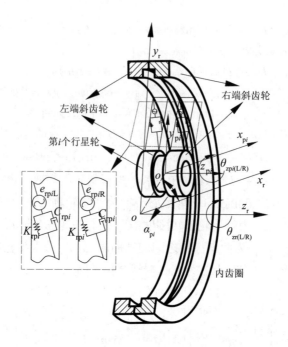

左端斜齿轮

右端斜齿轮

第i个行星轮

$\theta_{zpi(L/R)}$

$\theta_{zr(L/R)}$

内齿圈

图 7-4　行星轮‑内齿圈啮合动力学模型

与式（7-14）相对应的行星轮的啮合微分方程为

$$
\begin{cases}
m_{\mathrm{p}}\ddot{x}_{pik} + (F_{\mathrm{r}pik} + D_{\mathrm{r}pik})\sin\alpha_{\mathrm{m}}\cos\beta + K_{\mathrm{p}}x_{pik} + C_{\mathrm{p}}\dot{x}_{pik} + \\
\quad K_{\mathrm{pb}}(x_{pik} - x_{pij}) + C_{\mathrm{pb}}(\dot{x}_{pik} - \dot{x}_{pij}) = 0 \\
m_{\mathrm{p}}\ddot{y}_{pik} - (F_{\mathrm{r}pik} + D_{\mathrm{r}pik})\sin\alpha_{\mathrm{m}}\cos\beta + K_{\mathrm{p}}(y_{pik} - r_{\mathrm{c}}u_{\mathrm{c}}) + C_{\mathrm{p}}(\dot{y}_{pik} - r_{\mathrm{c}}\dot{u}_{\mathrm{c}}) + \\
\quad K_{\mathrm{pb}}(y_{pik} - y_{pij}) + C_{\mathrm{pb}}(\dot{y}_{pik} - \dot{y}_{pij}) = 0 \\
m_{\mathrm{p}}\ddot{z}_{pik} - (F_{\mathrm{r}pik} + D_{\mathrm{r}pik})\sin\alpha_{\mathrm{m}}\cos\beta + K_{\mathrm{pa}}z_{pik} + C_{\mathrm{pa}}\dot{z}_{pik} + \\
\quad K_{\mathrm{pa}12}(z_{pik} - z_{pij}) + C_{\mathrm{pa}12}(\dot{z}_{pik} - \dot{z}_{pij}) = 0 \\
I_{\mathrm{pz}}\ddot{\theta}_{pizk} - (F_{\mathrm{r}pik} + D_{\mathrm{r}pik})r_{pik}\cos\beta + K_{2\mathrm{t}}(u_{pik} - u_{pij}) + C_{2\mathrm{t}}(\dot{u}_{pik} - \dot{u}_{pij}) = 0
\end{cases}
\tag{7-15}
$$

式中：$k=L$、R；$j=R$、L；m_{r} 为太阳轮的等效质量；K_{r} 为太阳轮的径向支承刚度；C_{r} 为太阳轮的径向支承阻尼；K_{ra} 为内齿圈的轴向支承刚度；C_{ra} 为内齿圈的轴向支承阻尼；K_{rb} 为内齿圈的扭转刚度；C_{rb} 为内齿圈的扭转阻尼；$K_{\mathrm{r}12}$ 为两斜齿轮间的轴向刚度；$C_{\mathrm{r}12}$ 为两斜齿轮间的轴向阻尼；I_{rz} 为太阳轮的等效转动惯量；$K_{3\mathrm{t}}$ 为左右端耦合扭转刚度；$C_{3\mathrm{t}}$ 为左右端耦合扭转阻尼。

综合式（7-14）与式（7-15），得到的矩阵形式的表达式为

$$\begin{bmatrix} M_{\mathrm{r}} & 0 \\ 0 & M_{\mathrm{p}} \end{bmatrix} \begin{Bmatrix} \ddot{X}_{\mathrm{r}}(t) \\ \ddot{X}_{\mathrm{p}i}(t) \end{Bmatrix} + \begin{bmatrix} C_{\mathrm{r}pi}^{11} & C_{\mathrm{r}pi}^{12} \\ sym & C_{\mathrm{r}pi}^{22} \end{bmatrix} \begin{Bmatrix} \dot{X}_{\mathrm{r}}(t) \\ \dot{X}_{\mathrm{p}i}(t) \end{Bmatrix}$$
$$+ \begin{bmatrix} K_{\mathrm{r}pi}^{11} & K_{\mathrm{r}pi}^{12} \\ sym & K_{\mathrm{r}pi}^{22} \end{bmatrix} \begin{Bmatrix} X_{\mathrm{r}}(t) \\ X_{\mathrm{p}i}(t) \end{Bmatrix} = \begin{Bmatrix} f_{\mathrm{rm}} + f_{\mathrm{r}i}(t) \\ f_{\mathrm{r}pi}(t) \end{Bmatrix} \tag{7-16}$$

7.1.4　行星架–行星轮动力学方程

图 7-5 所示为行星轮与行星架配合的动力学模型,根据动力学模型以及牛顿第二定律,采用集中参数法可列出其配合微分方程。

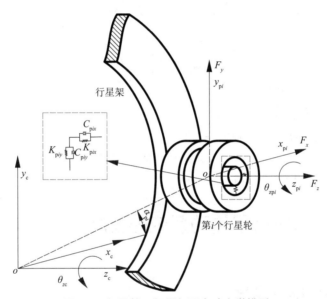

图 7-5　行星轮–行星架配合动力学模型

$$\begin{cases} F_x(t) = K_{\mathrm{c}}(x_{\mathrm{c}} - x_{\mathrm{p}i} - r_{\mathrm{c}}\theta_{z\mathrm{c}}\sin\alpha_{\mathrm{p}i}) + C_{\mathrm{c}}(\dot{x}_{\mathrm{c}} - \dot{x}_{\mathrm{p}i} - r_{\mathrm{c}}\dot{\theta}_{z\mathrm{c}}\sin\alpha_{\mathrm{p}i}) \\ F_y(t) = K_{\mathrm{c}}(y_{\mathrm{c}} - y_{\mathrm{p}i} + r_{\mathrm{c}}\theta_{z\mathrm{c}}\cos\alpha_{\mathrm{p}i}) + C_{\mathrm{c}}(\dot{y}_{\mathrm{c}} - \dot{y}_{\mathrm{p}i} + r_{\mathrm{c}}\dot{\theta}_{z\mathrm{c}}\cos\alpha_{\mathrm{p}i}) \\ F_z(t) = K_{\mathrm{ca}}(z_{\mathrm{c}} - z_{\mathrm{p}i}) + C_{\mathrm{ca}}(\dot{z}_{\mathrm{c}} - \dot{z}_{\mathrm{p}i}) \\ M_z(t) = 0 \end{cases} \tag{7-17}$$

式中:K_{c} 为行星架的径向支承刚度;C_{c} 为行星架的径向支承阻尼;K_{ca} 为行星架的轴向支承刚度;C_{ca} 为行星架的轴向支承阻尼。

与式(7-17)相对应的行星架–行星轮配合方程为

$$
\begin{cases}
m_{c}\ddot{x}_{c}(t) + F_{x}(t) = 0 \\
m_{c}\ddot{y}_{c}(t) + F_{y}(t) = 0 \\
m_{c}\ddot{z}_{c}(t) + F_{z}(t) = 0 \\
I_{c}\ddot{\theta}_{zc}(t) - r_{c}\sin\alpha_{pi}F_{x}(t) + r_{c}\cos\alpha_{pi}F_{y}(t) = 0
\end{cases}
\tag{7-18}
$$

$$
\begin{cases}
m_{p}\ddot{x}_{pi}(t) - F_{x}(t) = 0 \\
m_{p}\ddot{y}_{pi}(t) - F_{y}(t) = 0 \\
m_{p}\ddot{z}_{pi}(t) - F_{z}(t) = 0 \\
I_{p}\ddot{\theta}_{zpi}(t) = 0
\end{cases}
\tag{7-19}
$$

综合式（7-17）、式（7-18）与式（7-19），可得矩阵形式的表达式为

$$
\begin{bmatrix} M_{c} & 0 \\ 0 & M_{p} \end{bmatrix}
\begin{Bmatrix} \ddot{X}_{c}(t) \\ \ddot{X}_{pi}(t) \end{Bmatrix}
+
\begin{bmatrix} C_{cpi}^{11} & C_{cpi}^{12} \\ sym & C_{cpi}^{22} \end{bmatrix}
\begin{Bmatrix} \dot{X}_{c}(t) \\ \dot{X}_{pi}(t) \end{Bmatrix}
$$
$$
+
\begin{bmatrix} K_{cpi}^{11} & K_{cpi}^{12} \\ sym & K_{cpi}^{22} \end{bmatrix}
\begin{Bmatrix} X_{c}(t) \\ X_{pi}(t) \end{Bmatrix}
=
\begin{Bmatrix} 0 \\ 0 \end{Bmatrix}
\tag{7-20}
$$

将各个子系统的矩阵形式动力学方程 [式（7-12）、式（7-16）和式（7-20）] 耦合成一个整体，整体矩阵形式为

$$
M\ddot{X}(t) + C\dot{X}(t) + KX(t) = F(t)
\tag{7-21}
$$

式中：M 为广义质量矩阵；C 为等效阻尼矩阵；K 为等效刚度矩阵；X 为广义坐标位移矩阵；F 为外加载荷矩阵。

7.2　人字齿轮行星传动系统内部激励

7.2.1　时变啮合刚度

人字齿轮的啮合刚度定义为啮合齿轮在 1 mm 齿宽上产生 1 μm 挠度所需的载荷。由于人字齿轮的特殊形貌，其不受轴向力作用，因此定义中所指的载荷即为齿轮齿面所受的径向载荷。在前述的动力学建模中，人字齿轮由两个斜齿轮耦合而成，因此人字齿轮的啮合刚度可以当做是由两个斜齿轮啮合刚度并联而成的一种特殊刚度，其计算公式为

$$
K_{m} = 2bC_{\gamma}
\tag{7-22}
$$

式中：b 为单边斜齿齿宽；C_{γ} 为单位斜齿宽度的啮合刚度，其计算公式为

$$C_\gamma = \frac{0.75\varepsilon_\alpha + 0.25}{q} \tag{7-23}$$

式中：ε_α 为端面重合度；q 为单位齿宽柔度。单位齿宽柔度的计算公式为

$$q = 0.4723 + \frac{0.15551}{z_1} + \frac{0.25791}{z_2} - 0.00635x_1 - 0.11654\frac{x_1}{z_2} \pm$$
$$0.00193x_2 \pm 0.24188\frac{x_2}{z_2} + 0.00529x_1^2 + 0.00182x_2^2 \tag{7-24}$$

式中：x_1 和 x_2 分别为两啮合齿轮的变位系数；z_1 和 z_2 分别为其当量齿数。

人字齿轮啮合时，先由一端进入啮合，直至另一端退出啮合；接触线由短变长，再由长变短；载荷逐渐增加，再逐渐卸掉。因此，人字齿轮的传动较平稳，冲击、振动和噪声较小，适宜于高速、重载传动。为更贴合现实工况，基于齿轮副瞬时总接触线长度推导出的斜齿轮时变啮合刚度计算公式，按刚度并联方式计算人字齿轮时变啮合刚度 $K(t)$ 为

$$K(t) = 2K_m L(\tau) \tag{7-25}$$

式中：K_m 为单位接触线长度的斜齿轮平均啮合刚度；$L(\tau)$ 为齿轮副瞬时总接触线长度，$\tau = t/T_m$，t 为时间，T_m 为啮合周期。$L(\tau)$ 的计算公式为

$$L(\tau) = \left\{ 1 + \sum_{k=1}^{\infty} \left[A_k \cos(2\pi k\tau - \phi) + B_k \sin(2\pi k\tau - \phi) \right] \right\} L_m \tag{7-26}$$

式中：ϕ 为各行星轮与太阳轮之间的啮合相位差；A_k、B_k、和 L_m 计算公式为

$$A_k = \frac{1}{2\varepsilon_\alpha\varepsilon_\beta\pi^2 k^2} \left\{ \cos(2\pi k\varepsilon_\beta) + \cos(2\pi k\varepsilon_\alpha) - \cos\left[2\pi k(\varepsilon_\alpha + \varepsilon_\beta)\right] - 1 \right\} \tag{7-27}$$

$$B_k = \frac{1}{2\varepsilon_\alpha\varepsilon_\beta\pi^2 k^2} \left\{ \sin(2\pi k\varepsilon_\beta) + \sin(2\pi k\varepsilon_\alpha) - \sin\left[2\pi k(\varepsilon_\alpha + \varepsilon_\beta)\right] \right\} \tag{7-28}$$

$$L_m = \frac{2b\varepsilon_\alpha}{\cos\beta_b} \tag{7-29}$$

式中：ε_β 为齿轮副轴向重合度；ε_α 为齿轮副端面重合度；β_b 为齿轮基圆螺旋角。同时，啮合阻尼是与啮合刚度相生的一个参数，其定义为

$$C = 2\zeta \sqrt{K_m \frac{r_{b1}^2 r_{b2}^2 m_1 m_2}{r_{b1}^2 m_1 + r_{b2}^2 m_2}} \tag{7-30}$$

式中，ζ 为啮合阻尼比，其值在 0.03~0.17 浮动。本研究中为方便计算，选取 $\zeta=0.1$。此外，r_b 为基圆半径，m 为齿轮等效质量，K_m 为上述平均啮合刚度。

取时变啮合刚度的 4 阶傅里叶级数，得到时变啮合刚度曲线，如图 7-6 所示。其中，图 7-6（a）是外啮合线上的啮合刚度曲线，图 7-6（b）是内啮合线上的啮合刚度曲线。

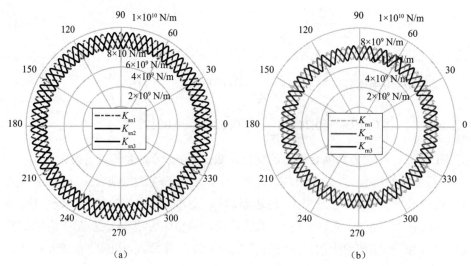

图 7-6　人字齿轮行星传动系统内、外啮合线上的啮合刚度曲线

(a)外啮合线　(b)内啮合线

7.2.2　啮合误差激励

短周期误差主要由基节误差和渐开线齿形偏差造成。齿轮传动中,轴的转动频率和齿数的乘积,称为啮合频率,简称啮频,记为f_m。

$$f_m = \frac{n_s}{60} z_s = \frac{n_p}{60} z_p = \frac{n_r}{60} z_r \tag{7-31}$$

式中:n_s、n_p、n_r分别为太阳轮、行星轮和内齿圈的转速;z_s、z_p、z_r分别为太阳轮、行星轮和内齿圈的齿数。

ω_m为与啮频相对应的啮频圆频率

$$\omega_m = 2\pi f_m \tag{7-32}$$

齿轮在制造和安装过程中由于各种客观因素会导致存在误差,这是齿轮系统产生振动的主要因素。短周期误差的变化规律可以用一个以啮频为基波的傅里叶级数表示,总共有$4N$个周期激励。因此,内啮合误差激励为

$$\begin{cases} e_{spi}^{(1)}(t) = \sum_{l=1}^{L} \hat{e}_{spl} \cos(l\omega_m t + \sigma_{spl} - lz_s\varphi_i) \\ e_{spi}^{(2)}(t) = \sum_{l=1}^{L} \hat{e}_{spl} \cos(l\omega_m t + \sigma_{spl} - lz_s\varphi_i + l\gamma_{stg}) \end{cases} \tag{7-33}$$

外啮合误差激励为

$$
\begin{cases}
e_{\mathrm{rp}i}^{(1)}(t) = \sum_{l=1}^{L} \hat{e}_{\mathrm{rp}l} \cos(l\omega_{\mathrm{m}}t + \sigma_{\mathrm{rp}l} + l\gamma_{\mathrm{rs}} + lz_{\mathrm{r}}\varphi_i) \\
e_{\mathrm{rp}i}^{(2)}(t) = \sum_{l=1}^{L} \hat{e}_{\mathrm{rp}l} \cos(l\omega_{\mathrm{m}}t + \sigma_{\mathrm{rp}l} + l\gamma_{\mathrm{rs}} + lz_{\mathrm{r}}\varphi_i + l\gamma_{\mathrm{stg}})
\end{cases}
\tag{7-34}
$$

式中：l 为谐波阶次；$\hat{e}_{\mathrm{sp}l}$ 为太阳轮与行星轮综合啮合传递误差的 l 阶幅值；$\sigma_{\mathrm{sp}l}$ 为其初始相位；$\hat{e}_{\mathrm{rp}l}$ 为内齿圈与行星轮综合啮合传递误差的 l 阶幅值，$\sigma_{\mathrm{rp}l}$ 为其初始相位；γ_{rs} 为内齿圈与行星轮啮合相对于太阳轮与行星轮啮合的相位差；γ_{stg} 为人字齿轮左右端斜齿轮的耦合交错角。

7.3　本章小结

　　本章中，建立了人字齿轮行星传动系统的弯曲－扭转－轴向耦合动力学模型，并对人字齿轮行星传动系统内部的动态激励进行分析，得到了内外啮合线上的时变啮合刚度计算方法以及综合传动误差的表示方法。

第8章 刚度变化下的人字齿轮行星传动系统均载特性

8.1 支承简化模型及传动系统在初始条件下的动态特性

在对齿轮的动力学研究过程中,采用集中参数法、拉格朗日法及牛顿第二定律构建动力学模型。在动力学模型的构建过程中,质量等效在质心上,齿轮中心孔处受到齿轮轴施加的支承力。其中支承刚度和支承阻尼的转换模型如图 8-1 所示。

图 8-1 支承刚度和支承阻尼的转换模型

在转换模型中,齿轮受到的支承力由支承刚度与支承阻尼共同决定。

$$F = K \cdot \delta + C \cdot \dot{\delta} \qquad (8\text{-}1)$$

式中:K 为支承刚度;C 为支承阻尼。在动力学模型中,支承刚度和支承阻尼等价为弹簧与阻尼器，K 的值等效为弹簧的刚度，C 的值等效为阻尼器的阻尼。同样地，等效后的支承阻尼与支承刚度的比例关系如式（7-30）所示。

在初始状态下，人字齿轮行星传动系统的内部动态啮合激励见表 8-1。

表 8-1　人字齿轮行星传动系统初始动态啮合激励

谐波阶次 l	$\hat{e}_{spl}$（μm）	σ_{spl}（rad）	$\hat{e}_{rpl}$（μm）	σ_{rpl}（rad）
1	6.58×10^{-2}	−0.658	7.1×10^{-2}	−0.835
2	0.221×10^{-2}	−1.346	0.31×10^{-2}	−1.389
3	0.082×10^{-2}	0.047	0.1×10^{-2}	0.983

将表 8-1，表 8-2 及表 8-3 中的参数及边界条件代入动力学模型中，利用四阶龙格－库塔法进行求解，得到人字齿轮行星传动系统在初始条件下的啮合力与均载系数曲线，如图 8-2 与图 8-3 所示。图 8-2 中，（a）为外啮合线左端的啮合力曲线，（b）为外啮合线右端的啮合力曲线，（c）为内啮合线左端的啮合力曲线，（d）为内啮合线右端的啮合力曲线。同样地，图 8-3 中，（a）为外啮合线左端的均载系数曲线，（b）为外啮合线右端的均载系数曲线，（c）为内啮合线左端的均载系数曲线，（d）为内啮合线右端的均载系数曲线。

表 8-2　人字齿轮行星传动系统减速齿轮箱的主要参数

参数	太阳轮	行星轮	内齿圈	行星架
齿数	41	22	85	—
模数（mm）	5	5	5	—
压力角（°）	20	20	20	—
螺旋角（°）	22	22	22	—
输出扭矩（kW）	—	—	—	400
输入速度（r/min）	1 500	—	—	—
啮合刚度（N/m）	8.7×10^9		7.5×10^9	—
啮合阻尼（N/(m·kg)）	4.4×10^3		4.2×10^3	—
重合度	1.486		1.661	—
质量（kg）	77.212	17.147	74.522	26.943
齿宽（mm）	120-100-120	120-100-120	120-100-120	—

表 8-3　人字齿轮行星传动系统减速齿轮箱初始边界条件

参数	太阳轮	行星轮	内齿圈	行星架
径向支承刚度（N/m）	1×10^8	1×10^8	1×10^8	1×10^8
径向支承阻尼 [N/(m·kg)]	1×10^4	1×10^4	1×10^4	1×10^4
轴向支承刚度（N/m）	4.56×10^8	8.44×10^8	3.45×10^9	1×10^9
轴向支承刚度 [N/(m·kg)]	1742	1742	1742	1742
切向支承刚度（N/m）	1×10^8	1×10^8	1×10^8	—
切向支承阻尼 [N/(m·kg)]	1×10^4	1×10^4	1×10^4	—
左右端轴向刚度 [（N·m）/rad]	2.71×10^9	3.52×10^9	2.57×10^9	—
左右端轴向阻尼 [（N·m）/(rad·kg)]	1×10^4	1×10^4	1×10^4	—
左右端耦合扭转刚度 [（N·m）/rad]	1×10^8	1×10^8	1×10^8	1×10^8
左右端耦合扭转阻尼 [（N·m）/(rad·kg)]	1×10^4	1×10^4	1×10^4	1×10^4

在人字齿轮行星传动系统受初始边界条件的限制时,因受内部动态啮合激励与人字齿轮的交错角的影响,人字齿轮左、右端的斜齿轮的啮合力与均载系数均不相同。因此,在研究系统刚度变化对传动系统的均载特性的影响时,需要对内外啮合线上的左、右端斜齿轮分别讨论,研究其对传动系动态特性的影响机理。

8.2　支承刚度变化对传动系统均载特性的影响分析

本节研究人字齿轮行星传动系统中,各部件的支承刚度变化对传动系统均载特性的影响机理。采用控制变量法,即改变其中一个部件的支承刚度,保持其他部件的支承刚度不变,以达到研究该影响机理的目的。为从实际应用的角度来分析支承刚度对人字齿行星传动系统均载特性的影响,本研究从上述齿轮箱中提取出相关参数。在传动系统中,太阳轮、行星轮及内齿圈的初始支撑刚度均为 1×10^8 N/m。

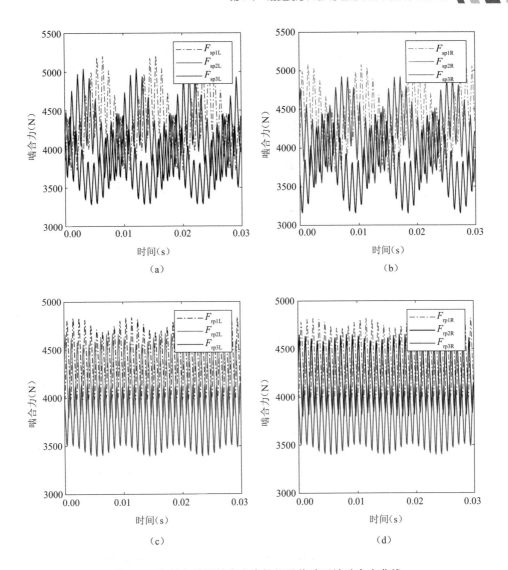

图 8-2　初始条件下的人字齿轮行星传动系统啮合力曲线

（a）外啮合线左端　（b）外啮合线右端　（c）内啮合线左端　（d）内啮合线右端

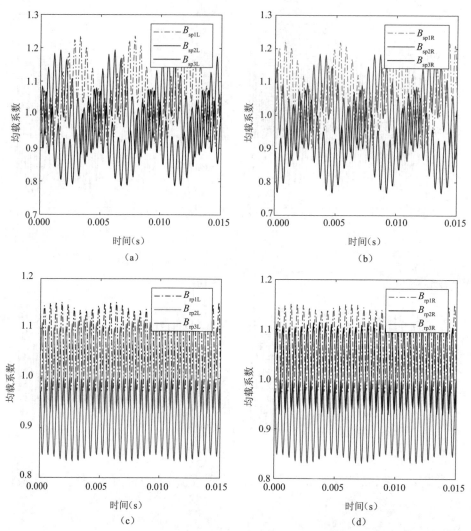

图 8-3 初始条件下的人字齿轮行星传动系统均载系数曲线

(a)外啮合线左端 (b)外啮合线右端 (c)内啮合线左端 (d)内啮合线右端

在动力学模型中,令行星轮、内齿圈和行星架的支承刚度为 $1×10^8$ N/m,取太阳轮的支承刚度分别为 $1×10^7$、$5×10^7$、$1×10^8$、$5×10^8$ 和 $1×10^9$ N/m,然后分别取该支承刚度对应的最大均载系数进行耦合,得到太阳轮的支承刚度改变对人字齿轮行星传动系统均载特性的影响曲线,如图 8-4 所示。其中,(a)为外啮合线左端的均载系数曲线,(b)为外啮合线右端的均载系数曲线,(c)为内啮合线左端的均载系数曲线,(d)为内啮合线右端的均载系数曲线。

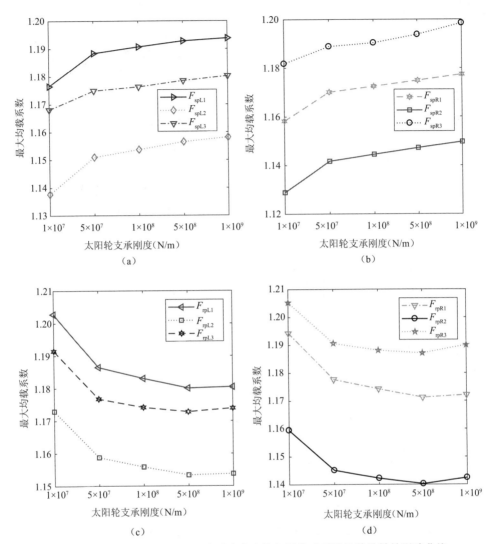

图 8-4　太阳轮的支承刚度改变对人字齿轮行星传动系统均载特性的影响曲线

（a）外啮合线左端　（b）外啮合线右端　（c）内啮合线左端　（d）内啮合线右端

　　同样地，令太阳轮、内齿圈和行星架的支承刚度为 $1×10^8$ N/m，取行星轮的支承刚度分别为 $1×10^7$、$5×10^7$、$1×10^8$、$5×10^8$ 和 $1×10^9$ N/m，然后分别取该支承刚度对应的最大均载系数并进行耦合，得到行星轮的支承刚度改变对人字齿轮行星传动系统均载特性的影响曲线，如图 8-5 所示。其中，（a）为外啮合线左端的均载系数曲线，（b）为外啮合线右端的均载系数曲线，（c）为内啮合线左端的均载系数曲线，（d）为内啮合线右端的均载系数曲线。

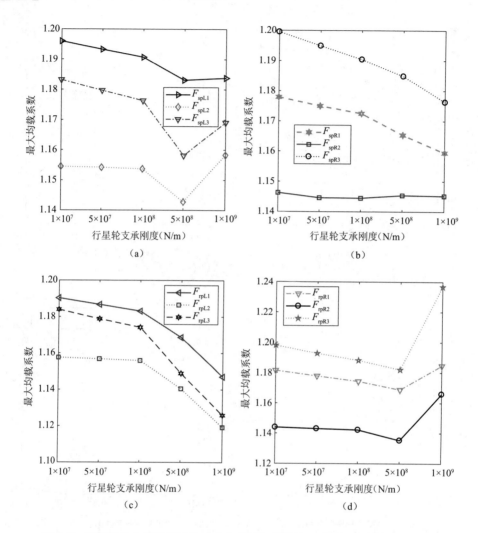

图 8-5　行星轮的支承刚度改变对人字齿轮行星传动系统均载特性的影响曲线

(a)外啮合线左端　(b)外啮合线右端　(c)内啮合线左端　(d)内啮合线右端

令太阳轮、行星轮和行星架的支承刚度为 1×10^8 N/m，取内齿圈的支承刚度分别为 1×10^7、5×10^7、1×10^8、5×10^8 和 1×10^9 N/m，然后分别取该支承刚度对应的最大均载系数并进行耦合，得到内齿圈的支承刚度改变对人字齿轮行星传动系统均载特性的影响曲线，如图 8-6 所示。其中，(a)为外啮合线左端的均载系数曲线，(b)为外啮合线右端的均载系数曲线，(c)为内啮合线左端的均载系数曲线，(d)为内啮合线右端的均载系数曲线。

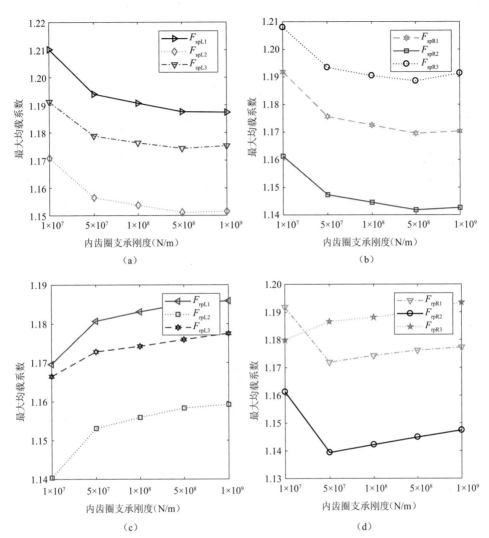

图 8-6　内齿圈的支承刚度改变对人字齿轮行星传动系统均载特性的影响曲线

(a)外啮合线左端　(b)外啮合线右端　(c)内啮合线左端　(d)内啮合线右端

令太阳轮、行星轮和内齿圈的支承刚度为 1×10^8 N/m,取行星架的支承刚度分别为 1×10^7、5×10^7、1×10^8、5×10^8 和 1×10^9 N/m,然后分别取该支承刚度对应的最大均载系数并进行耦合,得到行星架的支承刚度改变对人字齿轮行星传动系统均载特性的影响曲线,如图 8-7 所示。其中,(a)为外啮合线左端的均载系数曲线,(b)为外啮合线右端的均载系数曲线,(c)为内啮合线左端的均载系数曲线,(d)为内啮合线右端的均载系数曲线。

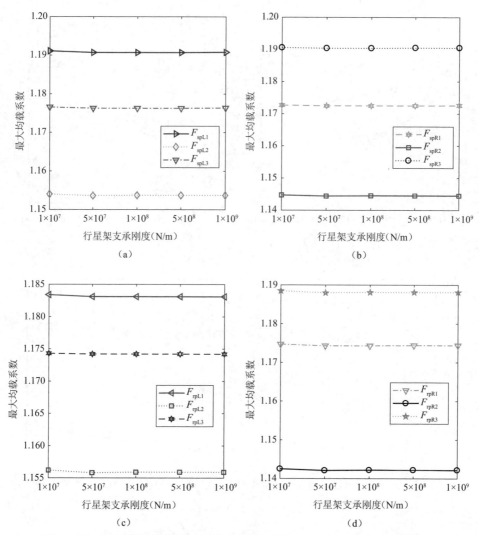

图 8-7　行星架的支承刚度改变对人字齿轮行星传动系统均载特性的影响曲线

(a)外啮合线左端　(b)外啮合线右端　(c)内啮合线左端　(d)内啮合线右端

综上所述,太阳轮、行星轮及内齿圈支承刚度的变化对人字齿轮行星传动系统的均载系数均有很大的影响,而行星架的支承刚度的变化对内、外啮合线的均载特性均无明显影响。当太阳轮的支承刚度增大时,外啮合线的均载系数增大,内啮合线上均载系数减小;当行星轮的支承刚度增大时,内、外啮合线上的均载系数均呈现降低的趋势;当内齿圈的支承刚度增大时,外啮合线上均载系数减小,内啮合线上均载系数增大。

8.3　扭转刚度变化对传动系统均载特性的影响分析

本节研究人字齿轮行星传动系统中各部件的耦合扭转刚度变化对传动系统均载特性的影响机理。采用控制变量法,即改变其中一个部件的扭转刚度,保持其他部件的扭转刚度不变,以达到研究该影响机理的目的。为从实际应用的角度来分析扭转刚度对人字齿行星传动系统动态特性的影响,本研究从上述齿轮箱中提取出相关参数。在传动系统中,太阳轮、行星轮及内齿圈的初始耦合扭转刚度为 $1×10^7(\text{N·m})/\text{rad}$。

令行星轮及内齿圈的左、右端斜齿轮的耦合扭转刚度为 $1×10^7(\text{N·m})/\text{rad}$,取太阳轮的左、右端斜齿轮耦合扭转刚度分别为 $1×10^6$、$5×10^6$、$1×10^7$、$5×10^7$ 和 $1×10^8(\text{N·m})/\text{rad}$,然后分别取该左、右端斜齿轮耦合扭转刚度对应的最大均载系数并进行耦合,得到太阳轮的左、右端斜齿轮耦合扭转刚度改变对人字齿轮行星传动系统均载特性的影响曲线,如图 8-8 所示。其中,(a)为外啮合线左端的均载系数曲线,(b)为外啮合线右端的均载系数曲线,(c)为内啮合线左端的均载系数曲线,(d)为内啮合线右端的均载系数曲线。

同样地,令太阳轮和内齿圈的左、右端斜齿轮耦合扭转刚度为 $1×10^7(\text{N·m})/\text{rad}$,取行星轮的左、右端斜齿轮耦合扭转刚度分别为 $1×10^6$、$5×10^6$、$1×10^7$、$5×10^7$ 和 $1×10^8(\text{N·m})/\text{rad}$,然后分别取该左、右端斜齿轮耦合扭转刚度对应的最大均载系数并进行耦合,得到行星轮的左、右端斜齿轮耦合扭转刚度改变对人字齿轮行星传动系统均载特性的影响曲线,如图 8-9 所示。其中,(a)为外啮合线左端的均载系数曲线,(b)为外啮合线右端的均载系数曲线,(c)为内啮合线左端的均载系数曲线,(d)为内啮合线右端的均载系数曲线。

令太阳轮和行星轮的左、右端斜齿轮耦合扭转刚度为 $1×10^7(\text{N·m})/\text{rad}$,取内齿圈的左、右端斜齿轮耦合扭转刚度分别为 $1×10^6$、$5×10^6$、$1×10^7$、$5×10^7$ 和 $1×10^8(\text{N·m})/\text{rad}$,然后分别取该左、右端斜齿轮耦合扭转刚度对应的最大均载系数并进行耦合,得到内齿圈的左右端斜齿轮耦合扭转刚度改变对人字齿轮行星传动系统均载特性的影响曲线,如图 8-10 所示。其中,(a)为外啮合线左端的均载系数曲线,(b)为外啮合线右端的均载系数曲线,(c)为内啮合线左端的均载系数曲线,(d)为内啮合线右端的均载系数曲线。

结果显示,人字齿轮行星传动系统的左、右端耦合扭转刚度在合理范围内变化时,几乎对均载特性没有影响。因此,在进行人字齿轮行星传动系统的设计时,其左、右端斜齿轮的耦合扭转刚度不是主要考虑点。

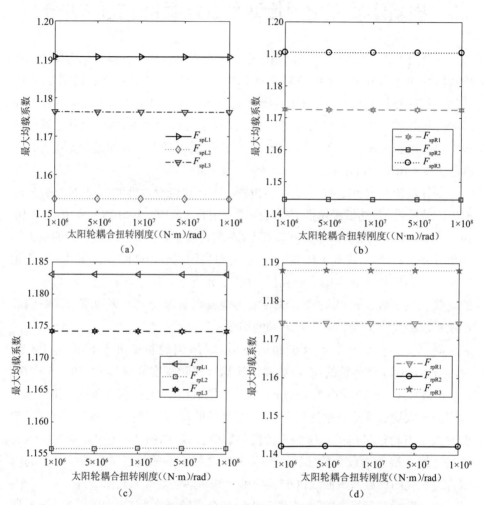

图 8-8　太阳轮左右端耦合扭转刚度改变对人字齿轮行星传动系统均载特性的影响曲线

(a)外啮合线左端　(b)外啮合线右端　(c)内啮合线左端　(d)内啮合线右端

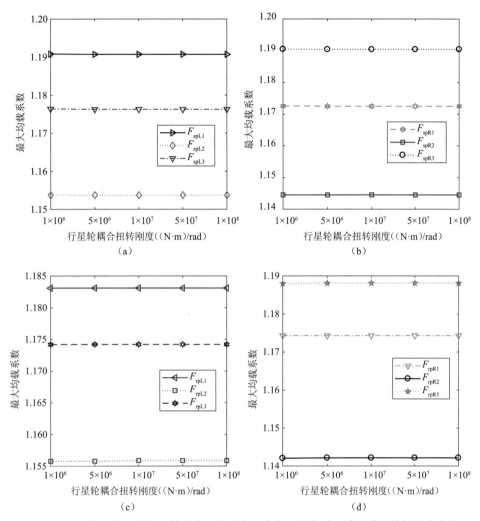

图 8-9　行星轮左右端耦合扭转刚度改变对人字齿轮行星传动系统均载特性的影响曲线

（a）外啮合线左端　（b）外啮合线右端　（c）内啮合线左端　（d）内啮合线右端

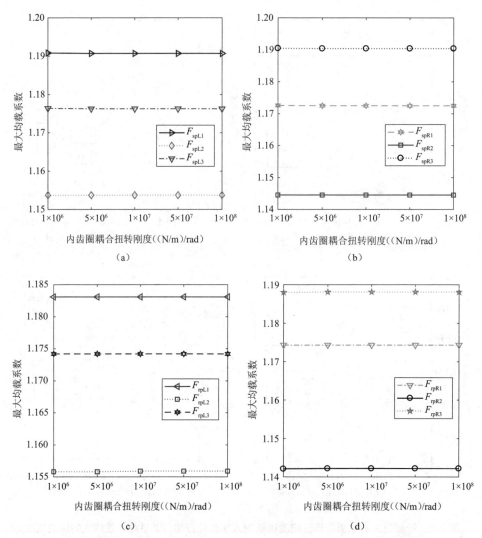

图 8-10　内齿圈左右端耦合扭转刚度改变对人字齿轮行星传动系统均载特性的影响曲线
（a）外啮合线左端　（b）外啮合线右端　（c）内啮合线左端　（d）内啮合线右端

8.4　啮合刚度变化对传动系统均载特性的影响分析

本节研究人字齿轮行星传动系统中各啮合线上的啮合刚度变化对传动系统均载特性的影响机理。采用控制变量法，即改变其中一条啮合线上的啮合刚度，保持另外一条啮合线上的啮合刚度不变，以达到研究该影响机理的目的。为从实际应用的角度来分析啮合刚度对人字齿行星传动系统均载特性的影响,本研究从上述齿轮箱中提取相关参数。在传动系统中,初始外啮合线上的啮合刚度为 $8.7×10^9$ N/m,初始内啮合线上的啮合刚度为 $7.5×10^9$ N/m。

令内啮合线上的啮合刚度为 $7.5×10^9$ N/m,取外啮合线上的啮合刚度分别为 $2×10^9$、$4×10^9$、$6×10^9$、$8×10^9$ 和 $10×10^9$ N/m,然后分别取该外啮合线上啮合刚度对应的最大均载系数并进行耦合,得到外啮合线上啮合刚度改变对人字齿轮行星传动系统均载特性的影响曲线,如图 8-11 所示。其中,(a)为外啮合线左端的均载系数曲线,(b)为外啮合线右端的均载系数曲线,(c)为内啮合线左端的均载系数曲线,(d)为内啮合线右端的均载系数曲线。

同理,令外啮合线上的啮合刚度为 $8.7×10^9$ N/m,取内啮合线上的啮合刚度分别为 $2×10^9$、$4×10^9$、$6×10^9$、$8×10^9$ 和 $10×10^9$ N/m,然后分别取该内啮合线上啮合刚度对应的最大均载系数并进行耦合,得到内啮合线上啮合刚度改变对人字齿轮行星传动系统均载特性的影响曲线,如图 8-12 所示。其中,(a)为外啮合线左端的均载系数曲线,(b)为外啮合线右端的均载系数曲线,(c)为内啮合线左端的均载系数曲线,(d)为内啮合线右端的均载系数曲线。

结果显示,当外啮合线上的啮合刚度变化时,外啮合线的均载系数变化较为明显,对系统的均载性能有较大的影响,而对内啮合线的均载特性影响甚微;当内啮合线上的啮合刚度变化时,内、外啮合线的均载特性均变化明显。

8.5　本章小结

本章主要研究了人字齿轮行星传动系统的刚度变化对传动系统均载特性的影响机理。其中,涉及的刚度包括支承刚度以及人字齿轮左、右端斜齿轮的耦合扭转刚度和啮合刚度。

1)考虑了传动系统的支承刚度变化对人字齿轮行星传动系统均载特性的影响。当太阳轮的支承刚度增大时,外啮合线上均载系数增大,内啮合线上均载系数减小;当行星轮的支承刚度增大时,内、外啮合线的均载系数均降低;当内齿圈的支承刚度增大时,外啮合线上均载系数减小,内啮合线上均载系数增大。

2)考虑了人字齿轮左、右端斜齿轮的耦合扭转刚度对人字齿轮行星传动系统均载特性的影响。当太阳轮,行星轮与内齿圈的左、右端耦合扭转刚度范围为 $1×10^6$~$1×10^8$(N·m)/rad 时,系统均载系数曲线基本未发生改变,即太阳轮,行星轮和内齿圈左、右端的耦合扭转刚度在正常范围内的变动对系统的均载特性影响不大。

3）考虑了人字齿轮行星传动系统中内、外啮合副的啮合刚度对人字齿轮行星传动系统均载特性的影响。当内啮合线上的啮合刚度变化时，其内、外啮合线的均载特性变化均较为明显；而当外啮合线上的啮合刚度变化时，外啮合线的均载特性变化较为明显，内啮合线的均载特性变化不大。因此，在进行齿轮箱设计时，为了更好地对人字齿轮行星传动系统均载性能进行控制，应对内啮合副进行特殊处理，降低其啮合刚度。

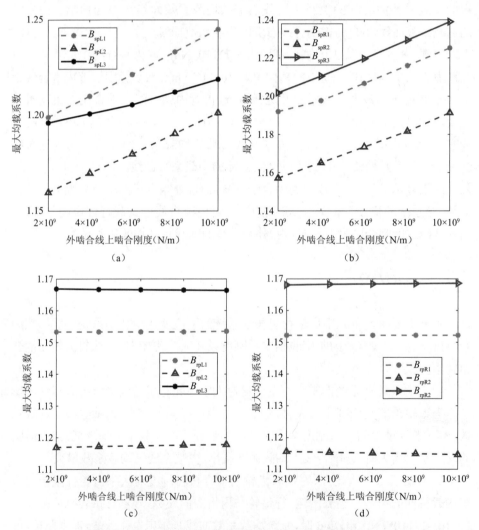

图 8-11　外啮合线上啮合刚度改变对人字齿轮行星传动系统均载特性的影响曲线

(a)外啮合线左端　(b)外啮合线右端　(c)内啮合线左端　(d)内啮合线右端

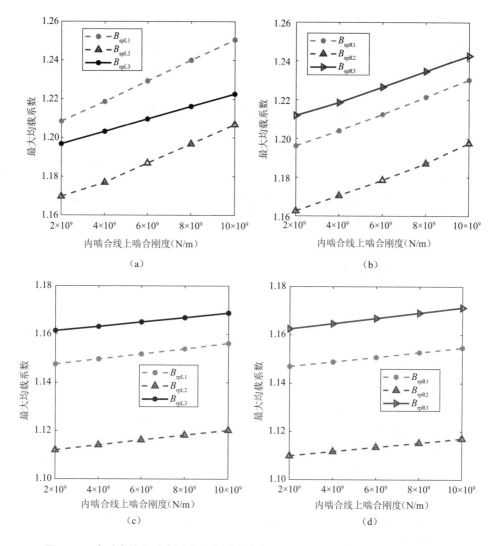

图 8-12　内啮合线上啮合刚度改变对人字齿轮行星传动系统均载特性的影响曲线

（a）外啮合线左端　（b）外啮合线右端　（c）内啮合线左端　（d）内啮合线右端

第9章 柔性支承下的人字齿轮行星传动系统均载特性

9.1 柔性支承与部件浮动理论

9.1.1 柔性支承模型

人字齿轮行星传动系统的柔性支承刚度的变化将影响传动系统的均载特性。因此,在研究人字齿轮行星传动系统的柔性支承对传动系统均载特性的影响机理时,需要对人字齿轮行星传动系统的动力学模型进行如下假设。

1)人字齿轮行星传动系统中的所有行星齿轮均相同,并且所有人字齿轮都被认为是由左、右两端除旋向相反的两个同规格斜齿轮耦合的特殊部件。

2)人字齿轮行星传动系统中的所有部件均为具有 4 个自由度的单元,包括 3 个平移自由度和 1 个旋转自由度。

3)所有柔性支承部件均由低刚度弹簧和减振器模拟。当支承刚度低于正常支承刚度的 1% 时,将支承条件视为柔性支承。

基于这些假设,通过本书第 2 章中建立的动力学模型来计算柔性支承系统的动力学特性。

每个齿轮的柔性支承的示意图如图 9-1 所示,其充分展示了柔性支承结构的原理。

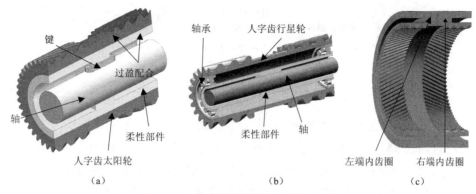

图 9-1　人字齿轮的柔性支承结构示意图

（a）太阳轮　（b）行星轮　（c）内齿圈

9.1.2　部件浮动模型

太阳轮由花键轴驱动,该花键轴传递输入电机的扭矩。行星齿轮固定在齿轮架上,并且可以绕行星齿轮的销旋转,并由这些销和轴承支承。此外,行星齿轮能够通过作为连接太阳轮和齿圈的桥的方式传递扭矩。其中,齿轮固定在框架上,太阳轮与轴连接。齿轮之间存在间隙,如果齿轮加载不均匀,则会发生微位移,直到力平衡为止。但是,由于齿轮之间的相互作用,齿轮不能完全自由浮动。图 9-2 显示了齿轮的支承反力。

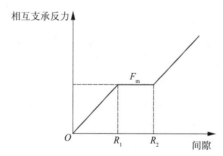

图 9-2　间隙距离与太阳轮支承反力的关系

在花键传递扭矩的过程中,花键的内、外摩擦力为 $F_{m}=\tau \cdot F_{n}$。其中:F_{n} 表示内、外间隙之间的正压;τ 为摩擦系数,取 $\tau=0.1$。太阳轮浮动时,其浮动量为 $R_{s}=\sqrt{x_{s}^{2}+y_{s}^{2}+z_{s}^{2}}$,这些齿轮的内部和外部之间的间隙 $L=R_{2}-R_{1}$。

$$P_{sx} = \begin{cases} K_s \cdot x_s & 0 \leqslant R \leqslant R_1 \ \text{或} \ R > R_2 \\ F_{ms} \cdot \sin\psi\cos\beta & R_1 < R \leqslant R_2 \end{cases} \tag{9-1}$$

$$P_{sy} = \begin{cases} K_s \cdot y_s & 0 \leqslant R \leqslant R_1 \ \text{或} \ R > R_2 \\ F_{ms} \cdot \cos\psi\cos\beta & R_1 < R \leqslant R_2 \end{cases} \tag{9-2}$$

$$P_{sz} = \begin{cases} K_s \cdot z_s & 0 \leqslant R \leqslant R_1 \ \text{或} \ R > R_2 \\ F_{ms} \cdot \sin\beta & R_1 < R \leqslant R_2 \end{cases} \tag{9-3}$$

在式(9-1)至式(9-3)这些公式中,花键轴的弯曲刚度为 $K_s = I_z \cdot E$。其中,I_z 是花键轴绕 z 轴的惯性矩,E 是弹性模量。ψ 是向量 (x_s, y_s, z_s) 的方向角。

将上述支承反力代入第 2 章中的动力学模型中。本研究中考虑了太阳轮的浮动,因此此处主要涉及太阳轮–行星轮啮合副中的动力学方程。

$$\begin{cases} m_s \ddot{x}_{sk} + P_{sx} + (F_{spik} + D_{spij})\sin\psi_{spi}\cos\beta + K_s x_{sk} + C_s \dot{x}_{sk} + \\ \quad K_{sb}(x_{sk} - x_{sj}) + C_{sb}(\dot{x}_{sk} - \dot{x}_{sj}) = 0 \\ m_s \ddot{y}_{sk} + P_{sy} + (F_{spik} + D_{spij})\cos\psi_{spi}\cos\beta + K_s y_{sk} + C_s \dot{y}_{sk} \\ \quad K_{sb}(y_{sk} - y_{sj}) + C_{sb}(\dot{y}_{sk} - \dot{y}_{sj}) = 0 + m_s \ddot{z}_{sk} - \\ \quad (F_{spik} + D_{spik})\sin\beta + K_{sa} z_{sk} + C_{sa} \dot{z}_{sk} + P_{sz} + \\ \quad K_{sa12}(z_{sk} - z_{sj}) + C_{sa12}(\dot{z}_{sk} - \dot{z}_{sj}) = 0 \\ I_{sz} \ddot{\theta}_{zi} + (F_{spik} + D_{spij})r_s\cos\beta + K_{1t}(u_{sk} - u_{sj}) + C_{1t}(\dot{u}_{sk} - \dot{u}_{sj}) = \dfrac{T_{out}}{2N} \end{cases} \tag{9-4}$$

式中:$k = L$、R;$j = R$、L;m_s 为太阳轮的等效质量;K_s 为太阳轮径向支承刚度;C_s 为太阳轮径向支承阻尼;K_{sa} 为太阳轮的轴向支承刚度;C_{sa} 为太阳轮的轴向支承阻尼;K_{sb} 为太阳轮扭转刚度;C_{sb} 为太阳轮扭转阻尼;K_{sa12} 为两斜齿轮间的轴向刚度;C_{sa12} 为两斜齿轮之间的轴向阻尼;I_{sz} 为太阳轮的等效转动惯量;K_{1t} 为左、右端耦合扭转刚度;C_{1t} 为左、右端耦合扭转阻尼;T_{out} 为输出扭矩。

$$\begin{cases} m_p \ddot{x}_{pik} - P_{sx} - (F_{spik} + D_{spik})\sin\alpha_{sn}\cos\beta + K_p x_{pik} + C_p \dot{x}_{pik} + \\ \quad K_{pb}(x_{pik} - x_{pij}) + C_{pb}(\dot{x}_{pik} - \dot{x}_{pij}) = 0 \\ m_p \ddot{y}_{pik} - P_{sy} - (F_{spik} + D_{spik})\sin\alpha_{sn}\cos\beta + K_p(y_{pik} - r_c u_c) + \\ \quad C_p(\dot{y}_{pik} - r_c \dot{u}_c) + K_{pb}(y_{pik} - y_{pij}) + C_{pb}(\dot{y}_{pik} - \dot{y}_{pij}) = 0 \\ m_p \ddot{z}_{pik} + (F_{spik} + D_{spik})\sin\alpha_{sn}\cos\beta + K_{pa} z_{pik} + C_{pa} \dot{z}_{pik} - P_{sz} + \\ \quad K_{p12}(z_{pikz} - z_{pij}) + C_{p12}(\dot{z}_{pik} - \dot{z}_{pij}) = 0 \\ I_{pz} \ddot{\theta}_{pizk} + (F_{spik} + D_{spik})r_{pik}\cos\beta + K_{2t}(u_{pik} - u_{pij}) + C_{2t}(\dot{u}_{pik} - \dot{u}_{pij}) = 0 \end{cases} \tag{9-5}$$

式中:$k = L$、R;$j = R$、L;m_p 为行星轮的等效质量;K_p 为行星轮径向支承刚度;C_p 为行星轮径向支承阻尼;K_{pa} 为行星轮的轴向支承刚度;C_{pa} 为行星轮的轴向支承阻尼;K_{pb} 为行星轮的扭转刚度;C_{pb} 为行星轮的扭转阻尼;K_{p12} 为两斜齿轮间的轴向刚度;C_{p12} 为两斜齿轮之间的轴向阻尼;I_{pz} 为太阳轮的等效转动惯量;K_{2t} 为左、右端耦合扭转刚度；C_{2t} 为左、右端耦合扭转阻尼。

9.2　正常支承下的柔性支承刚度变化对均载特性的影响

　　本节探究太阳轮在正常支承条件下的人字齿轮行星传动系统的柔性支承刚度变化对均载特性的影响机理。采用控制变量法,即控制其中一个部件的柔性支承刚度变化,其他参数均不变,以探究变化的柔性支承刚度对均载特性的影响机理。因此,在太阳轮正常支承的条件下,不考虑太阳轮的间隙浮动,即 P_{sx}、P_{sy} 及 P_{sz} 的数值恒为 0。

　　在动力学模型中,确定行星轮和内齿圈的支承刚度为 1×10^8 N/m,令太阳轮柔性化。取太阳轮的柔性支承刚度分别为 1×10^4、5×10^4、1×10^5、5×10^5 及 1×10^6 N/m,然后分别取该柔性支承刚度对应的最大均载系数并进行耦合,得到太阳轮的柔性支承刚度改变对人字齿轮行星传动系统均载特性的影响曲线,如图 9-3 所示。其中,(a)为外啮合线左端的均载系数曲线,(b)为外啮合线右端的均载系数曲线,(c)为内啮合线左端的均载系数曲线,(d)为内啮合线右端的均载系数曲线。

　　设定太阳轮和内齿圈的支承刚度为 1×10^8 N/m,令行星轮柔性化。取行星轮的柔性支承刚度分别为 1×10^4、5×10^4、1×10^5、5×10^5 及 1×10^6 N/m,然后分别取该柔性支承刚度对应的最大均载系数并进行耦合,得到行星轮的柔性支承刚度改变对人字齿轮行星传动系统均载特性的影响曲线,如图 9-4 所示。其中,(a)为外啮合线左端的均载系数曲线,(b)为外啮合线右端的均载系数曲线,(c)为内啮合线左端的均载系数曲线,(d)为内啮合线右端的均载系数曲线。

　　确定太阳轮和行星轮的支承刚度为 1×10^8 N/m,令内齿圈柔性化。取内齿圈的柔性支承刚度分别为 1×10^4、5×10^4、1×10^5、5×10^5 及 1×10^6 N/m,然后分别取该柔性支承刚度对应的最大均载系数并进行耦合,得到内齿圈的柔性支承刚度改变对人字齿轮行星传动系统均载特性的影响曲线,如图 9-5 所示。其中,(a)为外啮合线左端的均载系数曲线,(b)为外啮合线右端的均载系数曲线,(c)为内啮合线左端的均载系数曲线,(d)为内啮合线右端的均载系数曲线。

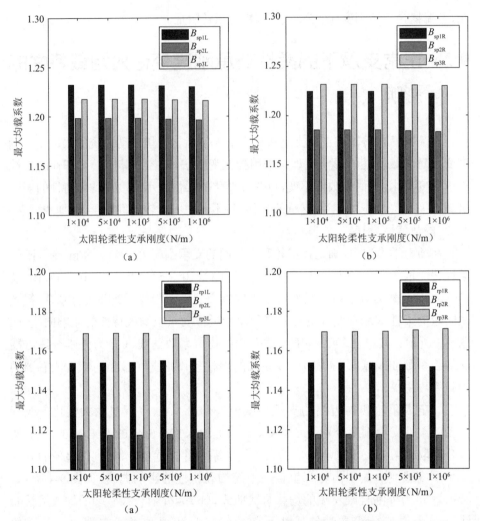

图9-3　太阳轮的柔性支承刚度改变对人字齿轮行星传动系统均载特性的影响曲线
(a)外啮合线左端　(b)外啮合线右端　(c)内啮合线左端　(d)内啮合线右端

　　结果表明,在太阳轮正常支承的条件下,内齿圈和太阳轮的柔性支承刚度的变化几乎不会影响人字齿轮行星传动系统的均载系数,而当行星轮的柔性支承刚度发生变化时,人字齿轮行星传动系统的均载系数发生明显变化。也就是说,行星轮柔性支承刚度的变化会显著影响人字齿轮行星传动系统的均载特性。

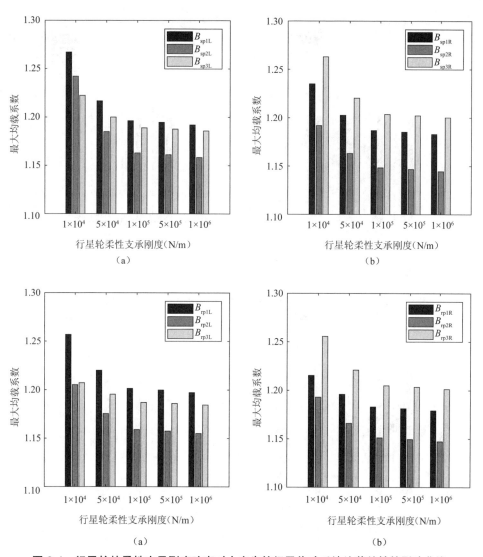

图 9-4　行星轮的柔性支承刚度改变对人字齿轮行星传动系统均载特性的影响曲线

（a）外啮合线左端　（b）外啮合线右端　（c）内啮合线左端　（d）内啮合线右端

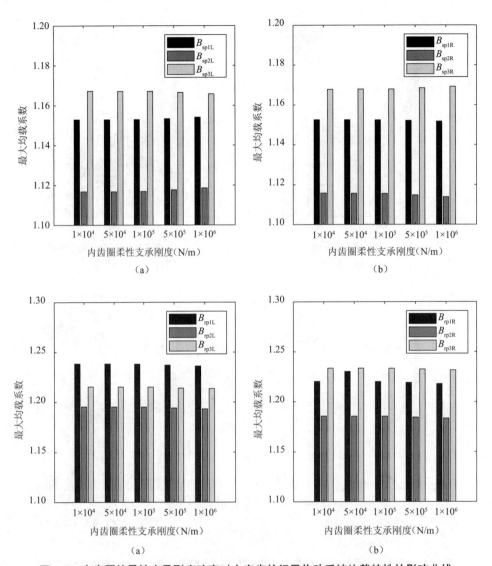

图 9-5　内齿圈的柔性支承刚度改变对人字齿轮行星传动系统均载特性的影响曲线

（a）外啮合线左端　（b）外啮合线右端　（c）内啮合线左端　（d）内啮合线右端

9.3　部件浮动下的柔性支承刚度变化对均载特性的影响

本节探究太阳轮浮动的条件下的人字齿轮行星传动系统的柔性支承刚度变

化对均载特性的影响机理。采用控制变量法,即控制其中一个部件的柔性支承刚度变化,其他参数均不变,以探究变化的柔性支承刚度对均载特性的影响机理。

因此,在太阳轮浮动的条件下,在人字齿轮行星传动系统的动力学模型中考虑太阳轮的间隙浮动,即 P_{sx}、P_{sy} 及 P_{sz}。

在动力学模型中,确定行星轮和内齿圈的支承刚度为 1×10^8 N/m,令太阳轮柔性化。取太阳轮的柔性支承刚度分别为 1×10^4、5×10^4、1×10^5、5×10^5 及 1×10^6 N/m,然后分别取该柔性支承刚度对应的最大均载系数并进行耦合,得到太阳轮的柔性支承刚度改变对人字齿轮行星传动系统均载特性的影响曲线,如图 9-6 所示。其中,(a)为外啮合线左端的均载系数曲线,(b)为外啮合线右端的均载系数曲线,(c)为内啮合线左端的均载系数曲线,(d)为内啮合线右端的均载系数曲线。

确定太阳轮和内齿圈的支承刚度为 1×10^8 N/m,令行星轮柔性化。取行星轮的柔性支承刚度分别为 1×10^4、5×10^4、1×10^5、5×10^5 及 1×10^6 N/m,然后分别取该柔性支承刚度对应的最大均载系数并进行耦合,得到行星轮的柔性支承刚度改变对人字齿轮行星传动系统均载特性的影响曲线,如图 9-7 所示。其中,(a)为外啮合线左端的均载系数曲线,(b)为外啮合线右端的均载系数曲线,(c)为内啮合线左端的均载系数曲线,(d)为内啮合线右端的均载系数曲线。

确定太阳轮和行星轮的支承刚度为 1×10^8 N/m 的定值,令内齿圈柔性化。取内齿圈的柔性支承刚度分别为 1×10^4、5×10^4、1×10^5、5×10^5 及 1×10^6 N/m,然后分别取该柔性支承刚度对应的最大均载系数并进行耦合,得到内齿圈的柔性支承刚度改变对人字齿轮行星传动系统均载特性的影响曲线,如图 9-8 所示。其中,(a)为外啮合线左端的均载系数曲线,(b)为外啮合线右端的均载系数曲线,(c)为内啮合线左端的均载系数曲线,(d)为内啮合线右端的均载系数曲线。

结果显示,当太阳轮浮动时,人字齿轮行星传动系统的均载特性会随着柔性支承刚度的变化而变化,但灵敏度不高。随着太阳齿轮的柔性支承刚度的增加,外啮合线的均载系数显著变化,而内啮合线的均载系数变化很小。类似地,随着内齿圈柔性支承刚度的增加,内啮合线的均载系数显著变化,而外啮合线的均载系数几乎不变。随着行星轮柔性支承刚度的增加,外啮合线和内啮合线的均载系数均发生显著变化。

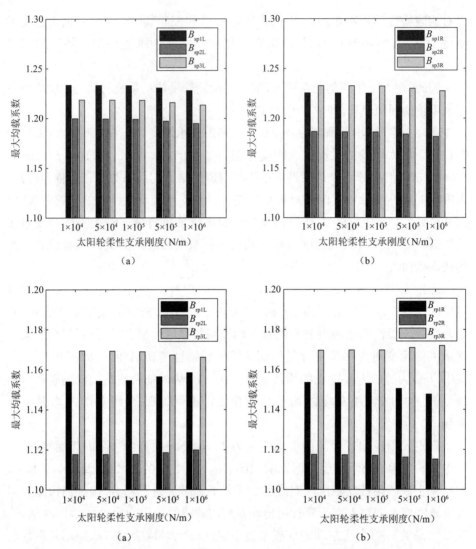

图 9-6　太阳轮的柔性支承刚度改变对人字齿轮行星传动系统均载特性的影响曲线

（a）外啮合线左端　（b）外啮合线右端　（c）内啮合线左端　（d）内啮合线右端

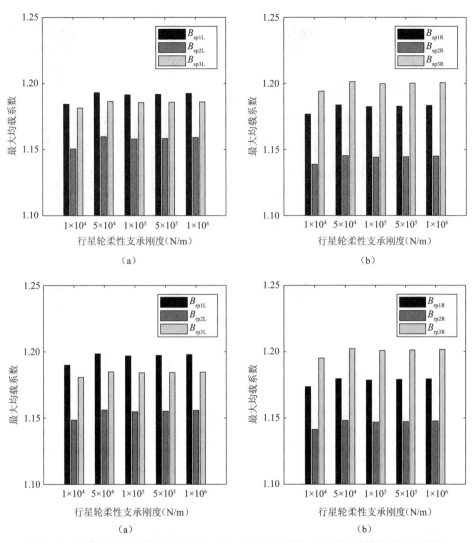

图 9-7　行星轮的柔性支承刚度改变对人字齿轮行星传动系统均载特性的影响曲线

（a）外啮合线左端　（b）外啮合线右端　（c）内啮合线左端　（d）内啮合线右端

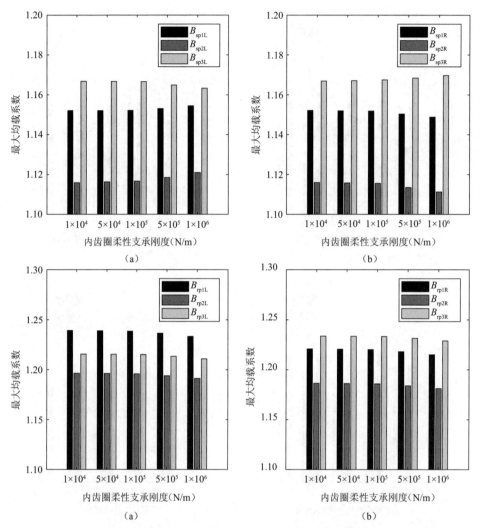

图 9-8　内齿圈的柔性支承刚度改变对人字齿轮行星传动系统均载特性的影响曲线

(a)外啮合线左端　(b)外啮合线右端　(c)内啮合线左端　(d)内啮合线右端

9.4　两种条件下的系统均载特性变化规律比较

本节研究太阳轮正常支承和太阳轮浮动的情况下,柔性支承件刚度的变化对人字齿轮行星传动系统均载系数的影响,即令这些部件的柔性支承刚度分别为 1×10^4、5×10^4、1×10^5、5×10^5 及 1×10^6。将这些刚度值代入动态模型,分别提取对应柔性支承刚度的最大均载系数。

此外，比较了人字齿轮行星传动系统均载系数的变化规律，如图 9-9 至图 9-11 所示。图 9-9 显示了太阳轮柔性支承刚度变化对最大均载系数的影响规律。图 9-10 显示了行星轮柔性支承刚度变化对最大均载系数的影响规律。图 9-11 显示了内齿圈柔性支承刚度变化对最大均载系数的影响规律。在图 9-9 至图 9-11 中，(a)为人字齿轮行星传动系统外啮合线上均载系数变化曲线，(b)为人字齿轮行星传动系统内啮合线上均载系数变化曲线。

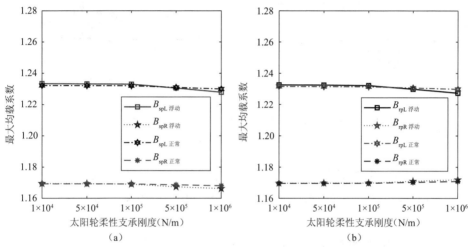

图 9-9　太阳轮柔性支承刚度变化对最大均载系数的影响规律

(a)外啮合线　(b)内啮合线

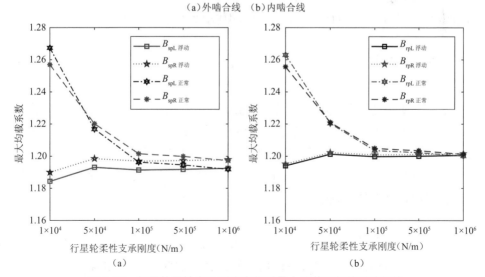

图 9-10　行星轮柔性支承刚度变化对最大均载系数的影响规律

(a)外啮合线　(b)内啮合线

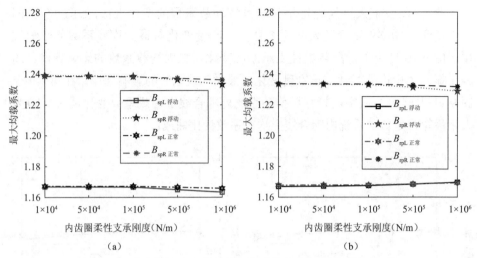

图 9-11　内齿圈柔性支承刚度变化对最大均载系数的影响规律

（a）外啮合线　（b）内啮合线

　　结果显示,尽管太阳轮和内齿圈的柔性支承刚度的变化对人字齿轮行星传动系统的均载特性有一定的影响,但其影响相对较小。相反,行星轮柔性支承刚度的变化对人字齿轮行星传动系统的均载特性有明显影响。因此,柔性化的主要重点应该放在行星轮上。对比太阳轮浮动和太阳轮正常支承两种情况,均载系数的变化折射出人字齿轮行星传动系统的均载特性发生变化。从支承稳定性的趋势来看,太阳轮浮动有利于负载分配和传动系统的稳定性。

9.5　本章小结

　　本章主要研究了人字齿轮行星传动系统的部件浮动与柔性支承对传动系统均载特性的影响机理。主要考虑了太阳轮正常支承与太阳轮浮动两种情况下的传动系统各部件柔性化对人字齿轮行星传动系统均载特性的影响。

　　1）太阳轮正常支承时,太阳轮和内齿圈柔性支承刚度变化几乎不会影响人字齿轮行星传动系统的均载特性,但系统明显受到行星轮柔性支承刚度变化的影响。

　　2）太阳轮处于浮动状态时,当太阳轮和内齿圈的柔性支承刚度发生变化时,人字齿轮行星传动系统的均载特性也会发生相应的变化,但变化幅度不大。均载特性受相应啮合线上太阳轮和内齿圈柔性支承刚度变化的影响,而所有啮合线的均载特性受行星轮的柔性支承刚度变化的影响。

3）比较太阳轮处于正常支承和浮动两种情况下的均载特性，可以发现太阳轮和内齿圈的柔性支承刚度的变化对人字齿轮行星传动系统的均载特性的影响相对较小。另外，当太阳轮正常支承时，行星齿轮的柔性支承对系统均载特性有很大影响；而当太阳轮浮动时，行星齿轮的柔性支承刚度变化产生的影响则较小。因此，柔性化的主要方向应集中在行星齿轮上。

第 10 章　误差作用下的人字齿轮行星传动系统均载特性

10.1　误差类型及其数学表示方法

10.1.1　制造误差及其数学表示方法

10.1.1.1　交错角

因为人字齿轮外形独特,在其制造过程中难免会形成交错角,表示为 γ_{stg}。图 10-1 所示为交错角的示意图(左)及三维模型(右)。

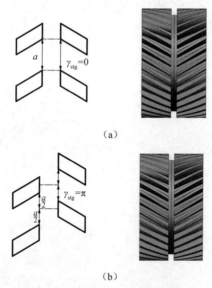

(a)

(b)

图 10-1 交错角的示意图及三维模型

(a)交错角为 0　(b)交错角为 π

交错角是制造误差的一种,但由于其独特的性质,无法单一出现,它反映的是人字齿轮左、右两端斜齿轮的对称度。因此,在研究交错角对人字齿轮行星传动系统均载特性的影响规律时,通常令传动系统内、外啮合线上的综合传动误差为一非零定值。

10.1.1.2　偏心误差

偏心误差主要是由齿坯本身的误差或在齿轮的加工过程中齿轮基准孔与滚齿机工作台回转中心的不重合而引起的。偏心误差的存在使齿轮安装过程不对中,而改变齿轮的动力学特性。本研究中,用简谐波函数来表示这种齿轮偏心误差,将人字齿轮行星传动系统中各齿轮部件的偏心误差转化到相应的啮合线上。行星齿轮系统偏心误差在啮合线上的等效误差如图 10-2 所示。

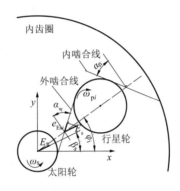

图 10-2　偏心误差在啮合线上等效误差

由图 10-2 及各部件的相对运动状态,可得太阳轮的偏心误差及初始相位 $(E_s、\beta_s)$ 在外啮合线上的等效误差为

$$\begin{cases} e_{EsiL} = -E_s \sin\left[(\omega_s - \omega_c)t + \beta_s + \alpha_t - \varphi_i\right] \\ e_{EsiR} = -E_s \sin\left[(\omega_s - \omega_c)t + \beta_s + \alpha_t - \varphi_i + \gamma_{stg}\right] \end{cases} \tag{10-1}$$

同理,行星轮的偏心误差及其初始相位 $(E_{pi}、\beta_{pi})$ 在外、内啮合线上的等效啮合误差为

$$\begin{cases} e_{wEpi} = -E_{pi} \sin\left[(\omega_p - \omega_c)t + \beta_{pi} + \alpha_t\right] \\ e_{nEpi} = E_{pi} \sin\left[(\omega_p - \omega_c)t + \beta_{pi} - \alpha_t + \gamma_{stg}\right] \end{cases} \tag{10-2}$$

内齿圈的偏心误差及其初始相位 $(E_r、\beta_r)$ 在内啮合线上的等效啮合误差为

$$\begin{cases} e_{Er1i} = E_r \sin(-\omega_c t + \beta_r - \alpha_t - \varphi_i) \\ e_{Er2i} = E_r \sin(-\omega_c t + \beta_r - \alpha_t - \varphi_i + \gamma_{stg}) \end{cases} \tag{10-3}$$

行星架的偏心误差及其初始相位(E_c、β_c)在外、内啮合线上的等效啮合误差为

$$\begin{cases} e_{wEci} = E_c \sin(\beta_c + \varphi_i)\cos\alpha_t \\ e_{nEci} = -E_c \sin(\beta_c + \varphi_i + \gamma_{stg})\cos\alpha_t \end{cases} \tag{10-4}$$

综上，人字齿行星齿轮传动中各齿轮偏心误差在左、右两侧及外、内啮合线上叠加后产生的等效累积啮合误差分别为

$$\begin{cases} e_{EspiL} = e_{EsiL} + e_{wEpi} + e_{wEci} \\ e_{EspiR} = e_{EsiR} + e_{wEpi} + e_{wEci} \\ e_{ErpiL} = e_{Er2L} + e_{nEpi} + e_{nEci} \\ e_{ErpiR} = e_{Er1R} + e_{nEpi} + e_{nEci} \end{cases} \tag{10-5}$$

式中：$i=1, 2, \cdots, N$ 表示人字齿轮行星传动系统中的第 i 个外、内啮合副；e_{EspiL}、e_{EspiR}、e_{ErpiL}、e_{ErpiR} 分别表示人字齿轮行星传动系统中的外啮合线左端的等效啮合误差、外啮合线右端的等效啮合误差、内啮合线左端的等效啮合误差与内啮合线右端的等效啮合误差。

10.1.1.3　齿廓偏差

图 10-3 为齿廓偏差示意图。齿廓误差直接作用于轮齿啮合线上，且齿轮啮合过程是通过两个及以上的轮齿间相互作用。因此，人字齿轮行星传动系统中，齿廓误差对相应啮合线上的影响与该齿轮副中两个齿轮各自的齿廓误差相关。但由于齿廓误差在相互啮合副的啮合齿面上发生作用，因此需要将齿轮齿侧的偏差数值转化到相应的啮合线上。在本研究中，利用简谐函数与啮合频率相结合的方式，把齿廓误差转化到相应的啮合线上。

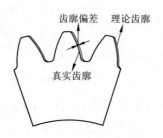

图 10-3　齿廓偏差示意图

齿廓偏差转化到外啮合线上的计算公式为

$$\begin{cases} \overline{E}_{spiL} = E_{spi}\sin\left[\omega_m(t + \gamma_{si}T_m)\right] \\ \overline{E}_{spiR} = E_{spi}\sin\left[\omega_m(t + \gamma_{si}T_m) + \gamma_{stg}\right] \end{cases} \tag{10-6}$$

齿廓偏差转化到内啮合线上的计算公式为

$$\begin{cases} \bar{E}_{rpiL} = E_{rpi}\sin\left[\omega_m(t+(\gamma_{ri}+\gamma_{sr})T_m)\right] \\ \bar{E}_{rpiR} = E_{rpi}\sin\left[\omega_m(t+(\gamma_{ri}+\gamma_{sr})T_m)+\gamma_{stg}\right] \end{cases} \tag{10-7}$$

式中：$\bar{E}_{spiL}$、$\bar{E}_{spiR}$、$\bar{E}_{rpiL}$ 与 $\bar{E}_{rpiR}$（$i=1$，2，$\cdots$，N）分别为人字齿轮行星传动系统中左端、右端第 i 个外啮合副和内啮合副齿廓偏差的等效位移；E_{spi} 与 E_{rpi} 分别为太阳轮 - 行星轮啮合副和行星轮 - 内齿圈啮合副上的齿廓偏差幅值；γ_{si}、γ_{ri} 和 γ_{sr} 分别为第 i 个太阳轮 - 行星轮副，第 i 个内齿圈 - 行星轮副及内外啮合的相位差；ω_m 为系统啮合角频率；T_m 为系统的啮合周期；γ_{stg} 为人字齿轮的交错角。

10.1.2　安装误差及其数学表示方法

图 10-4 为安装误差的三维分解示意图及人字齿轮行星传动系统各齿轮安装误差在啮合线上的等效误差示意图。其中，（a）为人字齿轮行星传动系统中各齿轮安装误差的分解示意图，（b）为人字齿轮行星传动系统中各齿轮安装误差在啮合线上的投影。

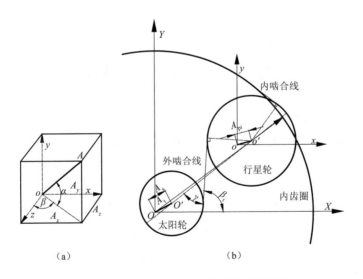

图 10-4　安装误差在啮合线上的等效误差

（a）安装误差分解示意图　（b）各齿轮安装误差在啮合线上的投影

由图 10-4 可得，

$$
\begin{cases}
e_{AspiL} = -A_{pi}\sin(\alpha_2 + \delta_{pi}) - A_s\sin\left[-\omega_H t - \dfrac{2\pi(i-1)}{N} - \varphi_i + \alpha_2 + \delta_2\right] \\[3mm]
e_{AspiR} = -A_{pi}\sin(\alpha_2 + \delta_{pi} + \gamma_{stg}) - A_s\sin\left[-\omega_H t - \dfrac{2\pi(i-1)}{N} - \varphi_i + \alpha_2 + \delta_2 + \gamma_{stg}\right] \\[3mm]
e_{ArpiL} = -A_{pi}\sin(\alpha_1 - \delta_{pi}) - A_r\sin\left[\omega_H t + \dfrac{2\pi(i-1)}{N} + \varphi_i + \alpha_1 - \delta_1\right] \\[3mm]
e_{ArpiR} = -A_{pi}\sin(\alpha_1 - \delta_{pi} + \gamma_{stg}) - A_r\sin\left[\omega_H t + \dfrac{2\pi(i-1)}{N} + \varphi_i + \alpha_1 - \delta_1 + \gamma_{stg}\right]
\end{cases}
$$

$$(10\text{-}8)$$

式中：A_s、A_r 与 A_{pi} 分别为太阳轮、内齿圈和第 i 个行星轮的安装误差；δ_1 为 A_r 的位置角；δ_2 为 A_s 的位置角；δ_{pi} 为 A_{pi} 的位置角；e_{AspiL}、e_{AspiR}、e_{ArpiL} 和 e_{ArpiR} 为安装误差 A_s、A_r 与 A_{pi} 转化到啮合线上的等效位移；$2\pi(i-1)/N$ 为第 i 个行星轮相对于第一个行星轮的位置角。

10.2 多重耦合误差对人字齿轮行星传动系统均载特性的影响

10.2.1 制造误差对传动系统均载特性的影响

10.2.1.1 交错角误差对传动系统均载特性的影响

如前文所述，交错角误差在数学模型中无法独立出现，其表现的是人字齿轮左端斜齿轮和右端斜齿轮的对称度。本小节研究交错角误差对人字齿轮行星传动系统均载特性的影响规律。

在动力学模型中，确定偏心误差、齿廓偏差和装配误差均为 $0.25\ \mu m$，然后令交错角依次为 0，$\pi/8$，$\pi/4$，$3\pi/8$，$\pi/2$，$5\pi/8$，$3\pi/4$，$7\pi/8$ 和 π，分别提取交错角改变时人字齿轮行星传动系统内、外啮合线的均载系数，将所提取的均载系数耦合成曲线，如图 10-5 所示。其中，（a）为交错角误差对左端外啮合线均载系数影响曲线，（b）为交错角误差对右端外啮合线均载系数影响曲线，（c）为交错角误差对左端内啮合线均载系数影响曲线，（d）为交错角误差对右端内啮合线均载系数影响曲线。

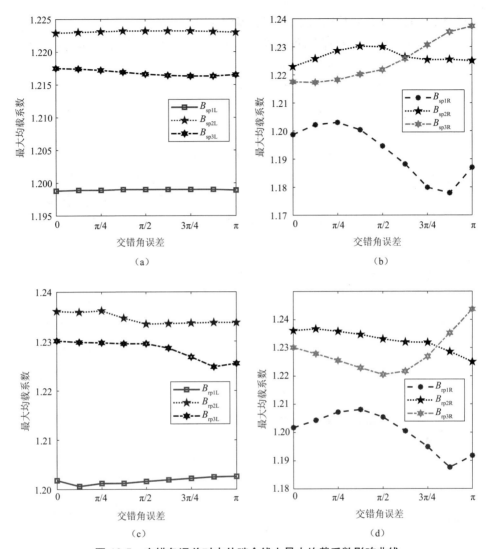

图 10-5 交错角误差对内外啮合线上最大均载系数影响曲线

(a)外啮合线左端 (b)外啮合线右端 (c)内啮合线左端 (d)内啮合线右端

　　结果显示,交错角误差对左侧啮合线的均载系数的影响较小,而对右侧啮合线的均载系数有明显的影响。而对于右侧啮合线的均载系数,随着交错角误差的增大,最大均载系数曲线的变化规律呈简谐波形状。当交错角为 0 时,左侧和右侧啮合线的均载系数几乎相同。因此,为了忽略人字齿轮的交错角误差对均载系数的影响,在研究其他误差的影响时,人字齿轮的交错角误差被设置为 0。换而言之,内、外啮合线上左右两侧的均载系数相同。

10.2.1.2　偏心误差对系统均载特性的影响分析

本小节研究太阳轮、行星轮、内齿圈及行星架的偏心误差单独作用下,制造误差对人字齿轮行星传动系统均载系数的影响规律。采用控制变量法,即分别令各部件的偏心误差改变,并提取部件偏心误差改变过程中的均载系数并进行耦合,得到各部件偏心误差变化对人字齿轮行星传动系统均载特性的影响曲线。

在动力学模型中,令行星轮、内齿圈和行星架的偏心误差为 0,取太阳轮的偏心误差分别为 0、0.25、0.5、0.75、1、1.25、1.5、1.75 和 2 μm,然后分别取各误差对应的最大均载系数并进行耦合,得到太阳轮的偏心误差改变对人字齿轮行星传动系统均载特性的影响曲线,如图 10-6 所示。其中,(a)是人字齿轮行星传动系统中太阳轮的偏心误差改变对外啮合线上均载系数的影响曲线;(b)是人字齿轮行星传动系统中太阳轮的偏心误差改变对内啮合线上均载系数的影响曲线。

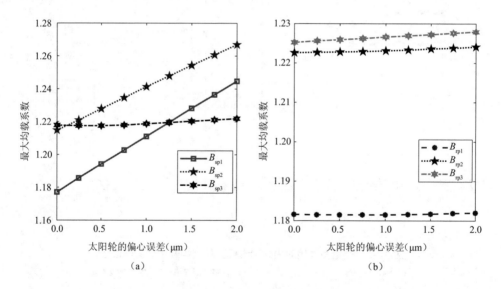

图 10-6　太阳轮偏心误差对内外啮合线上最大均载系数影响曲线

(a)外啮合线　(b)内啮合线

同理,令太阳轮、内齿圈和行星架的偏心误差为 0,取行星轮的偏心误差分别为 0、0.25、0.5、0.75、1、1.25、1.5、1.75 和 2 μm,然后分别取各误差对应的最大均载系数并进行耦合,得到行星轮的偏心误差对人字齿轮行星传动系统均载特性的影响曲线,如图 10-7 所示。其中,(a)是人字齿轮行星传动系统中行星轮的偏心误差对外啮合线上均载系数的影响曲线;(b)是人字齿轮行星传动系统中行星轮的偏心误差对内啮合线上均载系数的影响曲线。

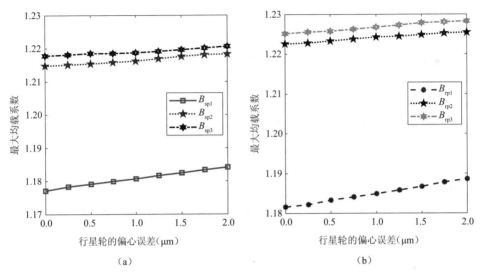

图 10-7　行星轮偏心误差对内外啮合线上最大均载系数影响曲线

(a)外啮合线　(b)内啮合线

令太阳轮、行星轮和行星架的偏心误差为 0,取内齿圈的偏心误差分别为 0、0.25、0.5、0.75、1、1.25、1.5、1.75 和 2 μm,然后分别取各误差对应的最大均载系数并进行耦合,得到内齿圈的偏心误差对人字齿轮行星传动系统的啮合线上的均载特性的影响曲线,如图 10-8 所示。其中,(a)是人字齿轮行星传动系统中内齿圈的偏心误差改变对外啮合线上均载系数的影响曲线;(b)是人字齿轮行星传动系统中内齿圈的偏心误差改变对内啮合线上均载系数的影响曲线。

令太阳轮、行星轮和内齿圈的偏心误差为 0,取行星架的偏心误差分别为 0、0.25、0.5、0.75、1、1.25、1.5、1.75 和 2 μm,然后分别取该误差对应的最大均载系数并进行耦合,得到行星架的偏心误差对人字齿轮行星传动系统的啮合线的均载特性的影响曲线,如图 10-9 所示。其中,(a)是人字齿轮行星传动系统中行星架的偏心误差改变对外啮合线上均载系数的影响曲线;(b)是人字齿轮行星传动系统中行星架的偏心误差改变对内啮合线上均载系数的影响曲线。

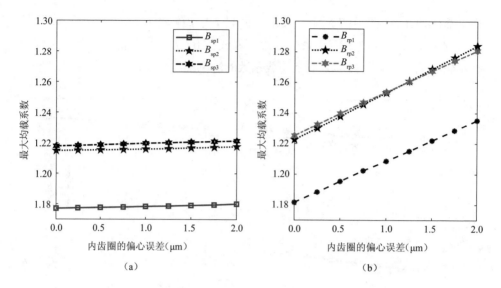

图 10-8　内齿圈偏心误差对啮合线上最大均载系数影响曲线

（a）外啮合线　（b）内啮合线

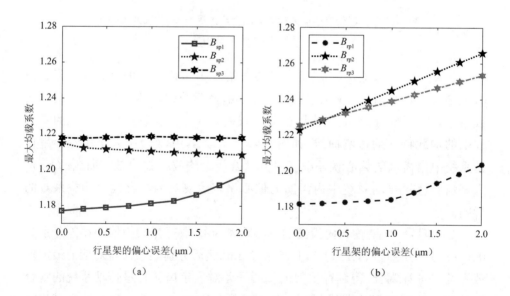

图 10-9　行星架偏心误差对啮合线上最大均载系数影响曲线

（a）外啮合线　（b）内啮合线

结果显示，随着各部件偏心误差的增大，传动系统的均载特性变差。虽然，偏心误差的增大会使均载特性变差,但变化规律上存在一些差异。随着太阳轮偏心误差的增大,外啮合线的均载特性急剧变化,而内啮合线上的均载特性变化则较小。随着行星齿轮偏心误差的增大,内、外啮合线的均载特性均缓慢变化。与太阳轮变化情况相反的是,随着内齿圈偏心误差的增大,内啮合线上的均载特性急剧变化,而外啮合线的均载特性缓慢变化。随着行星架偏心误差的增大,内啮合线的均载特性明显变差,但由于行星架的偏心误差存在,使行星齿轮分布不均匀,因而均载特性在外啮合线上随机变化。也就是说,在人字齿轮行星传动系统的制造过程中,对太阳轮、内齿圈和行星架的同轴度要求较高,而对行星轮的同轴度要求相对较低。在不影响使用性能的前提下考虑实际制造工艺和成本,行星轮的同轴度要求可以在合理的设计范围内取低值。

10.2.1.3　齿廓偏差对系统均载特性的影响分析

在齿轮的实际制造过程中,不仅存在偏心误差,也会存在齿廓偏差。因此,在分别研究偏心误差对均载特性的影响后,还应研究齿廓偏差对人字齿轮行星传动系统均载特性的影响。如前文所述,齿廓偏差对人字齿轮行星传动系统的影响直接体现在内、外啮合线上的变化。因此,本小节研究太阳轮、行星轮和内齿圈的齿廓偏差对人字齿轮行星传动系统均载系数变化的影响规律。采用控制变量法,即分别令内外啮合线上的齿廓偏差发生改变,并提取各齿廓偏差改变过程中的均载系数并进行耦合,得到内、外啮合线上齿廓偏差变化对人字齿轮行星传动系统均载特性的影响曲线。

在动力学模型中,令内啮合线上的齿廓偏差为 0,取外啮合线上齿廓偏差分别为 0、0.25、0.5、0.75、1、1.25、1.5、1.75 和 2 μm,然后分别取该误差对应的最大均载系数并进行耦合,得到外啮合线上的齿廓偏差改变对人字齿轮行星传动系统均载特性的影响曲线,如图 10-10 所示。其中,(a)是人字齿轮行星传动系统中外啮合线上的齿廓偏差对外啮合线均载系数影响曲线;(b)是人字齿轮行星传动系统中外啮合线上的齿廓偏差对内啮合线均载系数影响曲线。

同理,令外啮合线上的齿廓偏差为 0,取内啮合线上的齿廓偏差分别为 0、0.25、0.5、0.75、1、1.25、1.5、1.75 和 2 μm,然后分别取该误差对应的最大均载系数,耦合成内啮合线上的齿廓偏差改变对人字齿轮行星传动系统均载特性的影响曲线如图 10-11 所示。其中,(a)是人字齿轮行星传动系统中内啮合线上的齿廓偏差对外啮合线均载系数影响曲线;(b)是人字齿轮行星传动系统中内啮合线上的齿廓偏差对内啮合线均载系数影响曲线。

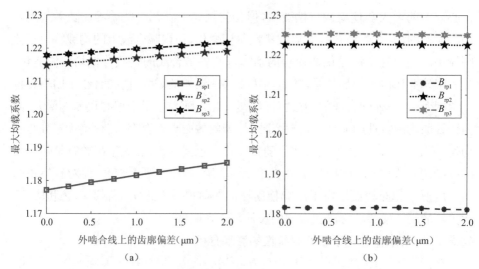

图 10-10　外啮合线上齿廓偏差对内外啮合线上最大均载系数影响曲线

（a）外啮合　（b）内啮合

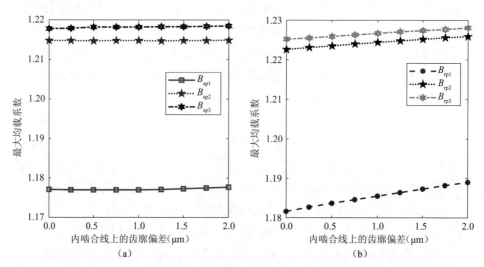

图 10-11　内啮合线上齿廓偏差对内外啮合线上最大均载系数影响曲线

（a）外啮合　（b）内啮合

　　结果表明,外啮合线上的齿廓偏差对外啮合线的均载特性有较为明显影响,而对内啮合线的均载特性则没有明显影响。同样,内啮合线上的齿廓偏差对内啮合线的均载特性有明显影响,而对外啮合线的均载特性没有明显影响。但总体来说,齿廓偏差对均载特性的影响不大。因此,在不影响使用性能的前提下考虑实际制造过程和制造成本,对齿廓偏差的要求可以在合理的范围内放低。

10.2.1.4　传动系统多重耦合制造误差对均载特性的影响分析

在齿轮实际制造过程中,不仅存在偏心误差,还存在齿廓偏差。这两个误差在实际制造过程中均无可避免地产生。因此,人字齿轮行星传动系统的均载特性受到这两种制造误差的共同影响。

本小节研究人字齿轮制造过程中出现的多重耦合误差对均载特性的影响规律,分别取齿轮行星传动系统的太阳轮、行星轮、内齿圈、行星架的偏心误差,以及内、外啮合线上的齿廓偏差等效误差为 0、0.25、0.5、0.75、1、1.25、1.5、1.75 和 2 μm,然后分别取每个误差点对应的最大均载系数并进行耦合,得到人字齿轮行星传动系统中多重耦合制造误差对均载特性的影响曲线,如图 10-12 所示。其中,(a)是人字齿轮行星传动系统中多重耦合制造误差变化对外啮合线上最大均载系数的影响曲线;(b)是人字齿轮行星传动系统中多重耦合制造误差变化对内啮合线上最大均载系数的影响曲线。

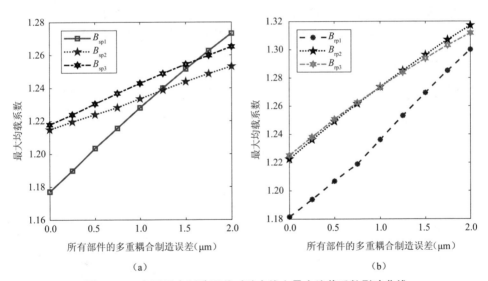

图 10-12　多重耦合制造误差对啮合线上最大均载系数影响曲线

(a)外啮合线　(b)内啮合线

结果表明,随着多重耦合制造误差的增大,均载系数明显增大。综合对比人字齿轮行星传动系统中偏心误差与齿廓偏差单独影响时的情况,可以发现多重耦合制造误差对均载特性的影响规律与偏心误差对均载特性的影响规律更为接近。因此,在多误差耦合同时作用下,偏心误差对整个齿轮传动系统的均载特性有更为明显的影响,人字齿轮在制造过程中,应将主要控制焦点集中在对偏心误差的控制上。

10.2.2　安装误差对传动系统均载特性的影响

10.2.2.1　各齿轮安装误差对系统均载特性的影响分析

在人字齿轮行星传动系统的安装过程中,由于各部件的配合关系及安装技术等因素的制约,无法避免地会产生可影响人字齿轮行星传动系统均载特性的安装误差。因此,研究安装误差对传动系统均载特性的影响机理,对控制安装过程中的安装误差和确定控制误差的控制方向具有重要的工程意义。

在动力学模型中,令行星轮和内齿圈的安装误差为 0,取太阳轮的安装误差分别为 0、0.25、0.5、0.75、1、1.25、1.5、1.75 和 2 μm,然后分别取各误差对应的最大均载系数并进行耦合,得到太阳轮的安装误差对人字齿轮行星传动系统均载特性的影响曲线,如图 10-13 所示。其中,(a)是人字齿轮行星传动系统中太阳轮的安装误差改变对外啮合线均载系数影响曲线;(b)是人字齿轮行星传动系统中太阳轮的安装误差改变对内啮合线均载系数影响曲线。

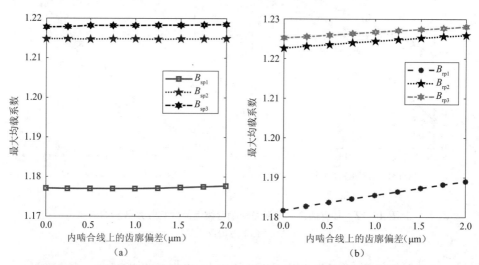

图 10-13　太阳轮的安装误差改变对人字齿轮行星传动系统均载特性的影响曲线

(a)外啮合线　(b)内啮合线

令太阳轮和内齿圈的安装误差为 0,取行星轮的安装误差分别为 0、0.25、0.5、0.75、1、1.25、1.5、1.75 和 2 μm,然后分别取各误差对应的最大均载系数并进

行耦合,得到行星轮的安装误差对人字齿轮行星传动系统均载特性的影响曲线,
如图 10-14 所示。其中,(a)是人字齿轮行星传动系统中行星轮的安装误差改变
对外啮合线均载系数影响曲线;(b)是人字齿轮行星传动系统中行星轮的安装
误差改变对内啮合线均载系数影响曲线。

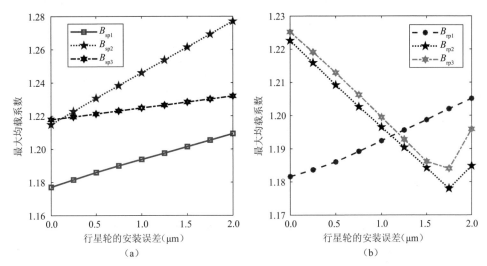

图 10-14　行星轮的安装误差改变对人字齿轮行星传动系统均载特性的影响曲线

(a)外啮合线　(b)内啮合线

令太阳轮和行星轮的安装误差为 0,取内齿圈的安装误差分别为 0、0.25、
0.5、0.75、1、1.25、1.5、1.75 和 2 μm,然后分别取各误差对应的最大均载系数并进
行耦合,得到内齿圈的安装误差对人字齿轮行星传动系统均载特性的影响曲线,
如图 10-15 所示。其中,(a)是人字齿轮行星传动系统中内齿圈的安装误差改变
对外啮合线均载系数影响曲线;(b)是人字齿轮行星传动系统中内齿圈的安装
误差改变对内啮合线均载系数影响曲线。

结果表明,从改变趋势上来看,当太阳轮的安装误差发生改变时,外啮合线
的均载特性发生明显变化,而内啮合线的均载特性变化不大,这一现象与内齿圈
的安装误差发生改变时相反。当行星轮的安装误差发生改变时,内、外啮合线的
均载特性均发生较为明显的改变。从改变量上看,太阳轮的安装误差值由 1 μm
变到 1.5 μm 时,内、外啮合线的均载特性达到最佳;而内齿圈的安装误差值由
0.5 μm 变至 1 μm 时,内、外啮合线的均载特性达到最佳;当行星轮的安装误差值
改变至 0.5 μm 至 1 μm 时,内、外啮合线上的均载特性能达到最佳;但当行星轮
的安装误差值改变时,各行星轮的均载特性波动较为混乱,没有明显的规律。因

此,从误差控制的角度看,行星轮的安装误差应该控制在 1~1.5 μm。

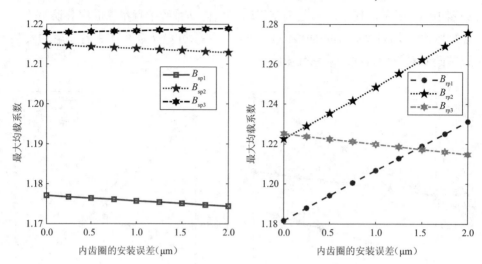

图 10-15　内齿圈的安装误差对人字齿轮行星传动系统均载特性的影响曲线

（a）外啮合线　（b）内啮合线

10.2.2.2　传动系统多重耦合安装误差对均载特性的影响分析

多重耦合安装误差受人字齿轮行星传动系统中各齿轮组件的安装误差共同影响。因此,在动力学模型中,人字齿轮行星传动系统的均载特性受到传动系统多重耦合安装误差的综合影响。

令太阳轮、行星轮和内齿圈的安装误差分别为 0、0.25、0.5、0.75、1、1.25、1.5、1.75 和 2 μm,然后分别取各误差对应的最大均载系数并得到耦合,得到多重耦合安装误差对人字齿轮行星传动系统均载特性的影响曲线,如图 10-16 所示。其中,（a）是人字齿轮行星传动系统中多重耦合安装误差改变对外啮合线均载系数影响曲线;（b）是人字齿轮行星传动系统中多重耦合安装误差改变对内啮合线均载系数影响曲线。

结果表明,人字齿轮行星传动系统的多重耦合安装误差对内、外啮合线的均载特性有较为明显的影响。随着各部件安装误差的增大,其中一些行星轮的均载系数急剧增大,而另一些行星轮的均载系数先减小后增大,而这些先减后增的交叉点大多接近 1.5 μm 误差点。也就是说,为了满足人字齿轮行星传动系统的安装需求并考虑实际操作,每个部件的安装误差不应超过 1.5 μm。

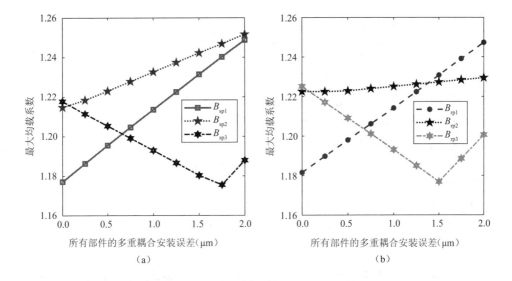

图 10-16 多重耦合安装误差对人字齿轮行星传动系统均载特性的影响曲线

(a)外啮合线 (b)内啮合线

10.2.3 多重耦合误差对传动系统均载特性的影响

前文中分别研究了制造误差与安装误差对人字齿轮行星传动系统内、外啮合线的均载特性的影响机理。考虑到人字齿轮行星传动系统是一个多体的动态系统,安装误差与制造误差共同组成了人字齿轮行星传动系统中的误差影响激励。

本小节探究安装误差和制造误差共同耦合作用下的动态激励对人字齿轮行星传动系统内、外啮合线上均载特性的影响机理。令太阳轮、行星轮和内齿圈的安装误差分别为 0、0.25、0.5、0.75、1、1.25、1.5、1.75 和 2 μm,并令太阳轮、行星轮、内齿圈和行星架的偏心误差,以及内、外啮合线上的齿廓偏差等效误差分别为 0、0.25、0.5、0.75、1、1.25、1.5、1.75 和 2 μm,然后分别取相应误差对应的最大均载系数并进行耦合,得到多重耦合误差对人字齿轮行星传动系统均载特性的影响曲线如图 10-17 所示。其中,(a)是人字齿轮行星传动系统中多重耦合误差改变对外啮合线均载系数影响曲线;(b)是人字齿轮行星传动系统中多重耦合误差改变对内啮合线均载系数影响曲线。

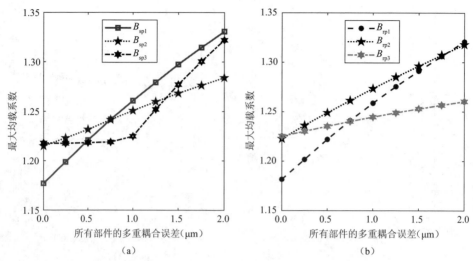

图 10-17   多重耦合误差对人字齿轮行星传动系统均载特性的影响曲线

(a)外啮合线   (b)内啮合线

结果显示,当所有部件的多重耦合误差发生改变时,内、外啮合线的均载系数急剧增大。对比人字齿轮行星传动系统的内、外啮合线在多重耦合制造误差与多重耦合安装误差改变时的均载特性变化规律,可以发现两者的影响规律相似。因此,在人字齿轮行星传动系统的设计、制造与装配过程中,误差控制的主要环节应聚焦于人字齿轮的制造环节。同时,考虑工业实际制造水平与制造成本,在人字齿轮行星传动系统的设计环节,应对太阳轮、内齿圈和行星架分配更多的设计误差余量。

10.3   基于 ADAMS 虚拟样机技术的传动系统数值仿真验证

10.3.1   在 ADAMS 中所使用的连接与接触

在基于 ADAMS 软件的多体动力学仿真分析中,考虑本研究的研究主体为人字齿轮行星传动系统。因此,主要涉及以下的运动副与接触力。

1)转动副。转动副是约束物体绕另一个物体旋转的约束副。在约束副的设置中,可以选择物体绕地面(Ground)转动或者设置一个物体绕另一个物体旋转。

2）固定副。固定副主要是约束一个物体相对于另一个物体的全部自由度，可以选择一个物体与地面固定，即此物体被全部约束（无法移动和转动）；也可以设置一个物体相对于另一个物体固定，即此物体与另一个物体视为同一个物体，享有共同的移动和转动自由度。

3）接触副。接触副是两个物体接触时产生作用力与作用反力的约束副，两个物体由接触副约束，但是不约束其自由度。当多体系统运动时，接触副产生作用，在接触副处有接触力存在。

10.3.2　人字齿轮行星传动系统三维模型建立

在人字齿轮行星传动系统的三维建模中，充分利用 ADAMS 软件与其他 CAD 软件的通信接口协议，在 SolidWorks 软件中建立人字齿轮行星传动系统的三维模型，再以".x_t"的格式导入 ADAMS 中进行分析。

在 SolidWorks 中建立单个部件的三维模型，通过 SolidWorks 的方程式、整体变量及尺寸模块，将人字齿轮行星传动系统中零件的参数输入方程式中。此处以太阳轮的三维建模为例，其参数输入过程如图 10-18 所示。

图 10-18　太阳轮三维建模参数输入

根据上述方程式中的参数变量,在草图中绘制太阳轮的端面草图。其中,太阳轮的齿廓为渐开线齿廓,可以通过渐开线方程进行参数化绘制。在 Solid-Works 中,选择参数性方程式驱动的曲线,渐开线参数方程为

$$
\begin{cases}
x_t = \dfrac{d_b}{2} \times \cos t + \dfrac{d_b}{2} \times t \times \sin t \\[2mm]
y_t = \dfrac{d_b}{2} \times \sin t - \dfrac{d_b}{2} \times t \times \cos t \\[2mm]
t_1 = 0 \\[2mm]
t_2 = \dfrac{\pi}{2}
\end{cases}
\tag{10-9}
$$

建立好太阳轮的端面草图后,新建一条螺旋线,长度等于齿宽,螺距如图 10-18 中所示,通过扫描得到斜齿轮的单轮齿三维模型。再通过阵列、镜像等操作得到人字齿太阳轮的三维模型,如图 10-19 所示。

图 10-19　人字齿太阳轮的三维模型

同样地,根据上述步骤,可以分别建立行星轮、内齿圈与行星架等部件的三维模型。再通过组装,获得人字齿轮行星传动系统的三维模型,如图 10-20 所示。其中,(a)为带行星架的人字齿轮行星传动系统的三维模型;(b)为隐去行星架的人字齿轮行星传动系统三维模型,其能更好地展示人字齿轮行星传动系统的内部结构。

(a)　　　　　　　　　　　　(b)

图 10-20　人字齿轮行星传动系统的三维模型

(a)带行星架　(b)隐去行星架

　　将上述模型转换成".x_t"的格式,导入 ADAMS 软件中进行多体动力学仿真分析。

10.3.3　人字齿轮行星传动系统边界条件设置

　　在人字齿轮行星传动系统的多体动力学仿真中,为导入的".x_t"格式三维模型设置相应的边界条件,具体的边界条件如下。

　　1)太阳轮。绕地面的转动副,输入速度 1 500 r/min。

　　2)行星轮。绕行星轮销轴的旋转副。

　　3)内齿圈。固定副,与地面固定。

　　4)行星架。绕地面的转动副,输出端负载 400 kW。

　　同时,在太阳轮与行星轮之间添加接触副,接触副的详细参数如下。

　　1)啮合刚度为 8.7×10^9 N/m。

　　2)力指数为 1.3。

　　3)阻尼为 4.4×10^3 N/(m·kg)。

　　4)穿透深度为 1×10^{-10} m(视为刚性接触)。

　　5)无摩擦力。

　　同样地,为行星轮与内齿圈之间添加接触副接触副的详细参数如下。

　　1)啮合刚度为 7.5×10^9 N/m。

　　2)力指数为 1.3。

　　3)阻尼为 4.2×10^3 N/(m·kg)。

　　4)穿透深度为 1×10^{-10} m(视为刚性接触)。

　　5)无摩擦力。

　　在本研究中,主要通过改变传动系统的结构来实现人字齿轮行星传动系统的柔性化支承,因此在边界条件的设置中与正常支承的传动系统无异。

　　边界条件设置完毕后,根据前述研究内容,人字齿轮行星传动系统具有正常与柔性支承两种。因此,施加边界条件时,需要对两种情况分别进行处理,得到施加边界条件后的人字齿轮行星传动系统,如图 10-21 所示。其中,(a)为正常情况下的人字齿轮行星传动系统;(b)为柔性支承条件下的人字齿轮行星传动系统。

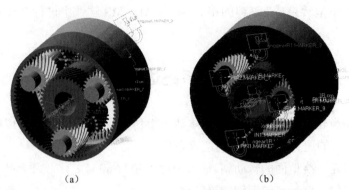

（a） （b）

图 10-21 施加边界条件后的人字齿轮行星传动系统

（a）正常支承 （b）柔性地支承

10.3.4 人字齿轮行星传动系统仿真结果处理

为图 10-21（a）所示的人字齿轮行星传动系统添加好边界条件，设置时长为 0.03 s 的仿真时间，开始进行仿真计算。将各节点处的啮合力提取并导入到 MATLAB 中，得到的正常情况下的啮合力曲线如图 10-22 与图 10-23 所示。其中：（a）为人字齿轮行星传动系统啮合线上左端啮合力曲线；（b）为人字齿轮行星传动系统啮合线上右端啮合力曲线。

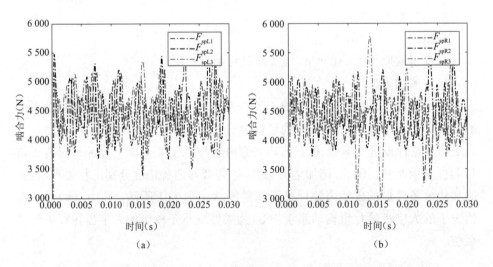

（a） （b）

图 10-22 正常情况下的人字齿轮行星传动系统外啮合线上的啮合力曲线

（a）左端啮合力 （b）右端啮合力

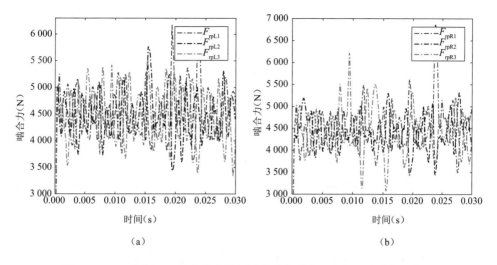

图 10-23　正常情况下的人字齿轮行星传动系统内啮合线上的啮合力曲线

（a）左端啮合力　（b）右端啮合力

同样地，为图 10-21（b）所示的人字齿轮行星传动系统添加边界条件，设置时长为 0.03 s 的仿真时间并进行仿真计算，得到柔性支承条件下传动系统的啮合力曲线，如图 10-24 与图 10-25 所示。其中，（a）为人字齿轮行星传动系统外啮合线上左端的均载系数曲线；（b）为人字齿轮行星传动系统外啮合线上右端的均载系数曲线。

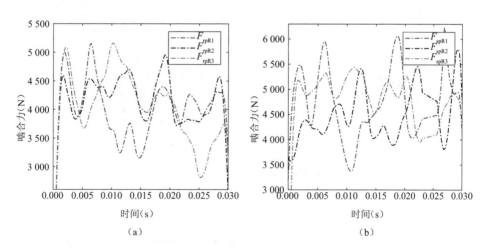

图 10-24　柔性支承条件下的人字齿轮行星传动系统外啮合线上啮合力曲线

（a）左端啮合力　（b）右端啮合力

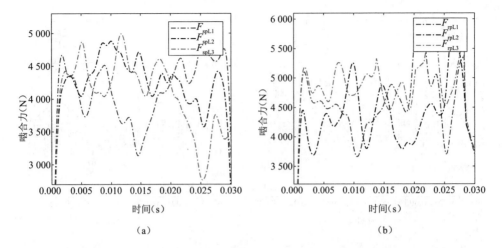

图 10-25　柔性支承条件下的人字齿轮行星传动系统内啮合线上的啮合力曲线

（a）左端啮合力　（b）右端啮合力

　　仿真所得的啮合力曲线根据均载系数计算公式转化为正常和柔性支承条件下的人字齿轮行星传动系统在内、外啮合线的均载系数曲线,如图 10-26 到图 10-29 所示。其中,（a）为人字齿轮行星传动系统外啮合线上左端的均载系数曲线;（b）为人字齿轮行星传动系统外啮合线上右端的均载系数曲线。

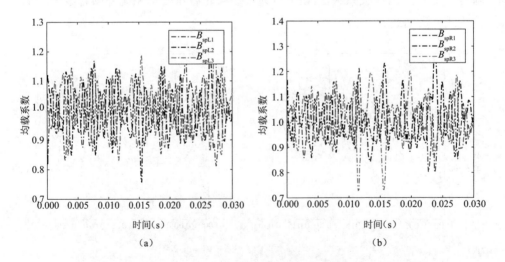

图 10-26　正常情况下的人字齿轮行星传动系统外啮合线的均载系数曲线

（a）外啮合线上左端　（b）外啮合线上右端

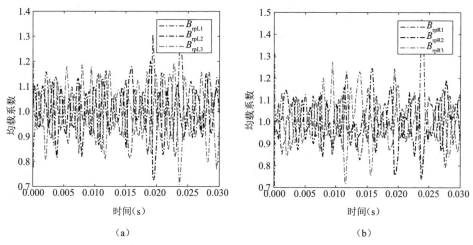

图 10-27　正常情况下的人字齿轮行星传动系统内啮合线的均载系数曲线

（a）内啮合线上左端　（b）内啮合线上右端

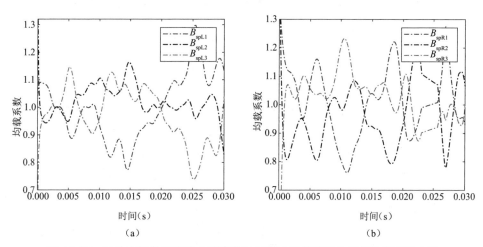

图 10-28　柔性支承条件下的人字齿轮行星传动系统外啮合线的均载系数曲线

（a）外啮合线上左端　（b）外啮合线上右端

　　通过仿真，验证了啮合刚度变化对均载特性的影响规律，分别令啮合刚度为 2×10^9，4×10^9，6×10^9，8×10^9 以及 10×10^9 N/m，得到各啮合刚度下的均载力曲线，运用均载系数计算公式求得各啮合刚度下的最大均载系数并进行耦合，得到人字齿轮行星传动系统内、外啮合线上的最大均载系数随啮合刚度的变化曲线，如图 10-30 与图 10-31 所示。其中，图 10-30 为人字齿轮行星传动系统外啮合线上最大均载系数随啮合刚度的变化曲线,图 10-31 为人字齿轮行星传动系统内啮合线上最大均载系数随啮合刚度的变化曲线。

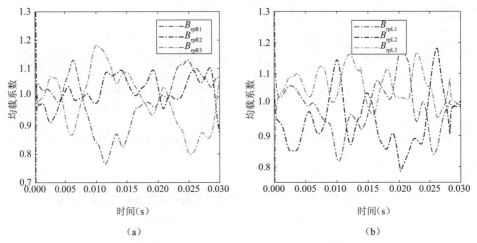

(a)   (b)

图 10-29　柔性支承条件下的人字齿轮行星传动系统内啮合线的均载系数曲线

(a)内啮合线上左端　(b)内啮合线上右端

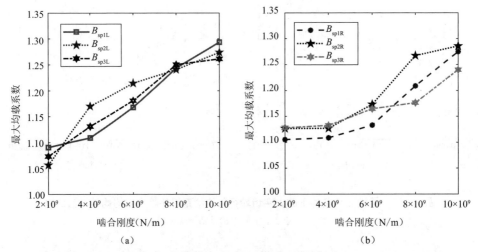

(a)   (b)

图 10-30　人字齿轮行星传动系统外啮合线上最大均载系数随啮合刚度变化曲线

(a)外啮合线上左端　(b)外啮合线上右端

　　同理,验证了支撑刚度变化对均载特性的影响规律,分别令支承刚度为 1×10^7、5×10^7、1×10^8、5×10^8 以及 1×10^9 N/m,得到各支承刚度下的啮合力曲线,运用均载系数计算公式求得各支承刚度下的最大均载系数并进行耦合,得到人字齿轮行星传动系统内外啮合线上的最大均载系数随支承刚度变化曲线,如图 10-32 和图 10-33 所示。其中,图 10-32 为人字齿轮行星传动系统外啮合线上最大均载系数随太阳轮支承刚度变化曲线,图 10-33 为人字齿轮行星传动系统内啮合线上最大均载系数随太阳轮支承刚度变化曲线。

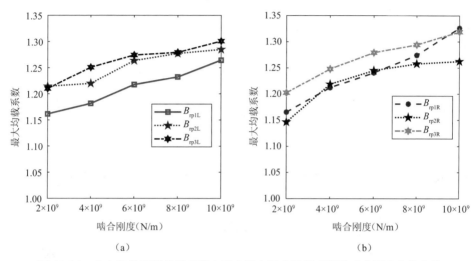

图 10-31　人字齿轮行星传动系统内啮合线上最大均载系数随啮合刚度变化曲线

（a）内啮合线左端　（b）内啮合线右端

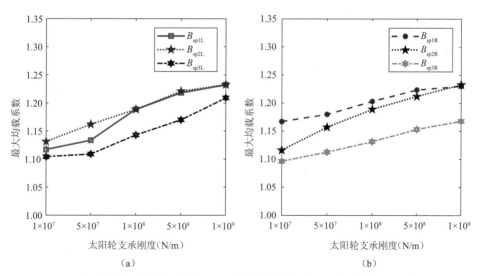

图 10-32　人字齿轮行星传动系统外啮合线上最大均载系数随太阳轮支承刚度变化曲线

（a）外啮合线左端　（b）外啮合线右端

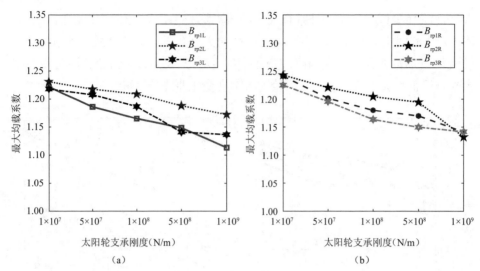

图 10-33　人字齿轮行星传动系统内啮合线上最大均载系数随太阳轮支承刚度变化曲线

（a）内啮合线内端　（b）内啮合线右端

　　图 10-34 为人字齿轮行星传动系统外啮合线上最大均载系数随行星轮支承刚度变化曲线。图 10-35 为人字齿轮行星传动系统内啮合线上最大均载系数随行星轮支承刚度变化曲线。

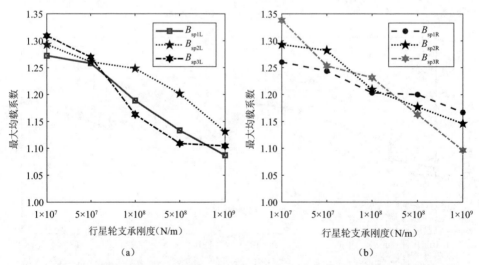

图 10-34　人字齿轮行星传动系统外啮合线上最大均载系数随行星轮支承刚度变化曲线

（a）外啮合线左端　（b）外啮合线右端

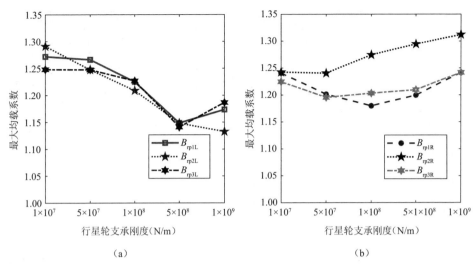

（a）　　　　　　　　　　　　　　（b）

图 10-35　人字齿轮行星传动系统内啮合线上最大均载系数随行星轮支承刚度变化曲线

（a）内啮合线左端　（b）内啮合线右端

图 10-36 为人字齿轮行星传动系统外啮合线上最大均载系数随内齿圈支承刚度变化曲线。图 10-37 为人字齿轮行星传动系统内啮合线上最大均载系数随内齿圈支承刚度变化曲线。

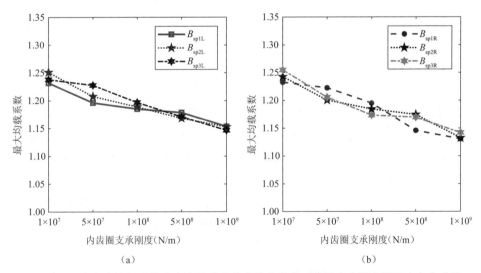

（a）　　　　　　　　　　　　　　（b）

图 10-36　人字齿轮行星传动系统外啮合线上最大均载系数随内齿圈支承刚度变化曲线

（a）外啮合线左端　（b）外啮合线右端

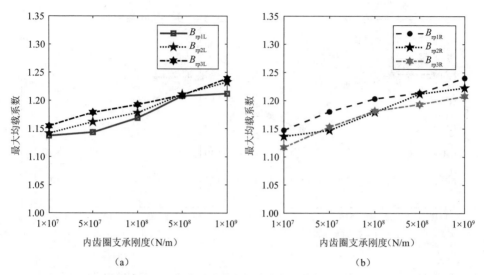

图 10-37   人字齿轮行星传动系统内啮合线上最大均载系数内齿圈支承刚度变化曲线

(a)内啮合线左端   (b)内啮合线右端

通过将模拟曲线与理论计算曲线进行对比,啮合力曲线与均载系数曲线的数值大小和量级并没有太大差异,这在误差允许的范围内,验证了理论计算的可靠性。同时,将正常支承条件下传动系统的动态特性与柔性支承条件下的传动系统的动态特性进行对比,验证了使用柔性支承可以改善动态特性的一般性规律。

10.4   本章小结

本章主要研究了人字齿轮行星传动系统的制造与安装过程中存在的误差对传动系统均载特性的影响机理。这些误差包括交错角误差、偏心误差、齿廓偏差、安装误差及由各类误差的多重耦合误差。采用刚性体多体动力学仿真软件ADAMS,对所研究的人字齿轮行星传动系统进行仿真验证。

1)交错角的改变对左侧啮合线的均载特性影响很小,而对右侧啮合线的影响较大。随着交错角的增大,最大均载系数曲线呈简谐波形。当交错角为 0 时,左侧和右侧啮合线的均载系数几乎相同。

2)随着太阳轮、行星轮和内齿圈的偏心误差的增大,内、外啮合线的均载特性变差。随着行星架偏心误差的增大,内、外啮合线的均载系数增减不一。但是其增长的趋势并不明显,而下降趋势较为剧烈。当内、外啮合线上的齿廓偏差单独影响时,相应啮合线的均载特性变差。

3）太阳轮、行星轮和内齿圈装配误差均对人字齿轮行星传动系统的最大均载系数有明显的影响。当安装误差在 0.8~1 μm 范围内时,传动系统有最佳的均载性能。当传动系统的多重耦合装配误差在 1~1.5 μm 范围内时,传动系统有最佳的均载性能。

4）随着偏心误差和齿廓偏差耦合形成的多重耦合制造误差的增大,内外啮合线的均载系数均增大,均载性能变差。多重耦合误差对人字齿轮行星传动系统的均载特性有很大影响,随着多重耦合误差的增大,均载特性急剧恶化。当多重耦合误差大于 1 μm 时,均载特性变差的速度急剧增大。

5）将 ADAMS 仿真模拟得到的啮合力、均载系数与理论计算得到的相关结果进行了比较,验证了理论计算的正确性。同时,将正常支承条件下传动系统的动态特性与柔性支承条件下传动系统的动态特性进行对比,验证了柔性支承可以改善动态特性的结论。

6）验证了系统刚度变化时,人字齿轮行星传动系统的均载特性变化规律。经过 4 次以上低通滤波后,将 ADAMS 仿真得到的传动系统啮合力曲线导出并分析,发现所得出的规律与理论研究所呈现的普适性规律大致相当。

第4篇 总结与展望

(一)全书总结

本书中对特种功率分流传动系统的设计方法及动力学均载特性进行了研究。在第一篇中,对所用到的研究方法与研究软件进行了详细的介绍与阐述,并对相关研究进行了综述。在第二篇中,对特种功率分流传动系统中的非对称齿轮传动系统的设计方法、静力学均载特性和动力学均载特性进行了分析,并利用有限元分析软件及多体动力学分析软件进行了仿真验证。在第三篇中,对特种功率分流传动系统中的人字齿轮行星传动系统的动力学均载特性进行了分析研究,分别研究了其内部系统参数变化、外部支承结构改变以及传动误差等因素影响下的动力学均载特性变化。

1.特种功率分流传动系统——非对称渐开线齿轮行星传动系统研究

在第二篇中,根据齿廓啮合理论,推导了非对称渐开线齿轮齿廓方程与非对称渐开线齿轮加工刀具方程;结合现代设计手段,利用 SolidWorks 建模软件、ANSYS 分析软件、MATLAB 计算软件建立多种等模数非等压力角的齿轮副,进行有限元分析和数值计算,探究压力角、模数等基本参数的变化对传动系统均载性能和承载能力的影响,并深入分析其内在作用规律,大致总结如下。

1)非对称渐开线齿轮设计方法研究。提出了等模数非等压力角的非对称渐开线外啮合齿轮和非对称渐开线内啮合齿轮的设计方法,并开发出了相应的非对称齿轮加工刀具模型。以对称齿轮作对比,对极限压力角、模数、齿数等参数进行分析,验证了非对称齿轮齿廓的优越性。

2)非对称渐开线齿轮副传动复合弯曲强度分析。形成了一种等模数非等压力角的非对称渐开线齿轮传动系统复合弯曲强度的分析理论。建立了齿轮传动的受载模型,并讨论了在摩擦力影响下的复合弯曲应力计算公式。采用数值计算法和有限元方法进行应力计算与仿真,探究了基本参数对复合弯曲应力的影响以及影响程度。分析了齿面摩擦力作用条件下的非对称齿轮强度的变化规律,并提出一个新的物理量——摩擦力应力因子,为摩擦状态下非对称齿轮传动的强度分析提供了理论支撑。

3）非对称复合行星齿轮传动系统均载特性研究。建立了一种考虑制造误差、安装误差等多误差的非对称齿轮传动系统均载特性分析模型。其中，包括对多行星轮功率分流系统的静态均载系统建模和动态均载系统建模。研究了非对称齿轮传动系统对误差源的敏感度，同时也验证了非对称齿轮传动系统具有的良好减振效果，从本质上揭示了非对称复合行星传动系统与普通对称复合行星传动系统均载特性的差异。

4）非对称渐开线齿轮智能化设计模块开发。设计了非对称渐开线齿轮智能化生成程序。针对现有的齿轮插件无法改变分度圆压力角并生成非对称齿轮的现状，以 SolidWorks 为开发平台，利用 Visual Basic 语言进行二次开发，只要输入齿轮基本参数就能自动生成具有不同压力角的非对称渐开线齿轮。该程序弥补了现有齿轮生成插件的不足，提高了工作效率，为非对称渐开线齿轮的工程应用奠定基础。

2. 特种功率分流传动系统——人字齿轮行星传动系统研究

在第三篇中，以人字齿轮行星传动系统为研究对象，围绕齿轮系统的内部系统动态激励、支承刚度、人字齿轮左右端斜齿轮耦合扭转刚度、部件浮动及柔性化等，开展了人字齿轮行星传动系统的动态特性分析，得出的主要研究成果与结论如下。

1）基于集中参数法及拉格朗日法，改进了人字齿轮行星传动系统的弯曲－扭转－轴向耦合动力学模型，并对人字齿轮行星传动系统内部的动态激励进行分析，得到了内、外啮合线的时变啮合刚度计算方法及综合传动误差的表示方法。同样地，根据模态计算理论，得到了模态计算方法。

2）在人字齿轮行星传动系统中，调整传动系统的支承刚度会对系统动态特性产生影响。考虑了人字齿轮左、右端斜齿轮的耦合扭转刚度对人字齿轮行星传动系统动力学特性的影响。研究结果表明，当太阳轮的支承刚度增大时，外啮合线的均载系数增大，内啮合线的均载系数减小；当行星轮的支承刚度增大时，内外啮合线的均载系数均呈现降低的趋势；当内齿圈的支承刚度增大时，外啮合线的均载系数减小，内啮合线的均载系数增大；太阳轮、行星轮和内齿圈左、右端的耦合扭转刚度在正常范围内变动时，对系统的动态特性影响不大。

3）在太阳轮正常支承时，太阳轮和内齿圈柔性支承刚度的变化几乎不会影响人字齿轮行星传动系统的均载特性，但明显地受到行星轮柔性支承刚度变化的影响。在太阳轮处于浮动状态的条件下，当太阳轮和内齿圈的柔性支承刚度发生变化时，人字齿轮行星传动系统的均载特性会发生变化，但变化幅度不大。

比较太阳轮处于正常支承和浮动两种情况下的均载特性,可以发现太阳轮和内齿圈的柔性支承刚度的变化对人字齿轮行星传动系统的均载特性的影响相对较小。另外,当太阳轮正常支承时,行星齿轮的柔性支承对均载特性有很大影响;而当太阳轮浮动时,行星齿轮的柔性支承刚度的影响较小。

4)研究了人字齿轮行星传动系统的制造与安装过程中存在的误差对传动系统均载特性的影响。研究了人字齿轮左、右端斜齿轮的交错角、偏心误差、齿廓偏差、安装误差等内部动态激励对人字齿轮行星传动系统动态特性的影响。研究结果表明,交错角的改变对左侧啮合线的均载特性影响很小,而对右侧啮合线的影响较大。随着行星架偏心误差的增大,内、外啮合线的均载系数增减不一,增长的趋势并不明显而下降趋势较为剧烈。当内、外啮合线上齿廓偏差的单独影响时,相应啮合线的均载特性变差。当太阳轮、行星轮和内齿圈装配误差的单独影响时,均对传动系统的最大均载系数产生较大影响。

(二)工作展望

1. 工作展望

虽然本书中针对非对称齿轮传动系统进行了较充分的理论研究并加工了相关齿轮,但仍有很多内容需要完善和进一步开展研究,简单列举几个方向。

1)在动力学均载特性研究的基础上,进行无量纲化处理,完成非对称复合行星传动系统的非线性研究,揭示传动系统中啮合频率、非线性振动等规律。

2)本书中仅开展了非对称渐开线齿轮的智能化设计,可以继续开展非对称渐开线内齿轮、非对称复合行星传动装配体的智能化设计研究,进而推进非对称齿轮传动系统的工程应用。

3)可采用新兴金属材料或者高性能塑料等材料制造非对称渐开线齿轮,并进行运动学和动力学特性研究,其是很有发展前景的工程研究领域。同时,对于非对称齿轮的研究,也可将其拓展到非对称弧齿轮、非对称面齿轮、非对称蜗杆等,为齿轮研究开辟新的方向。

2. 存在不足

本书针对人字齿轮行星传动系统的均载特性机理,开展了系列研究工作,取得了一些研究成果。但由于人字齿轮行星传动系统是一个复杂的多体系统,其内部激励及变化的参数较多,动力传输过程复杂,且机械传动过程中会伴随能量的损失。因此,本书研究工作尚存如下几个方面有待进一步研究与完善。

1)本书中,综合考虑了齿轮修形、齿根优化等,提出涉及齿轮修形等因素的人字齿轮行星传动系统动力学模型,研究了诸如齿廓修圆、齿根修圆、齿形鼓形及螺旋角修整等修形条件的影响。但其中详细的数学计算模型尚未给出,需要进一步研究它们对人字齿轮行星传动系统的动态特性影响规律。

2)本书中,在考虑人字齿轮行星传动系统的动态啮合时,并未考虑轮齿啮合过程中的热力学特性,也未考虑轮齿啮合过程中的弹性变形对动态特性的影响,有待进一步完善。

参考文献

[1] 中国机械通用零部件工业协会齿轮分会 . 中国齿轮行业"十二五"发展规划纲要 [EB/OL]. （2015-12-31）[2020-02-30]. http: //www.cgma.net.cn/jsjl_xx/newsId%3D1404.html.

[2] 张策 . 机械动力学 [M]. 北京：高等教育出版社，2000.

[3] 李华敏，韩元莹，王知行 . 渐开线齿轮的几何原理与计算 [M]. 北京：机械工业出版社，1985.

[4] 孙桓，陈作模，葛文杰 . 机械原理 [M]. 7 版 . 北京：高等教育出版社，2006.

[5] 濮良贵，纪名刚，陈国定 . 机械设计 [M]. 8 版 . 北京：高等教育出版社，2011.

[6] 朱孝录 . 机械传动设计手册 [M]. 北京：化学工业出版社，2005.

[7] 莫帅，张以都，吴琼 . 组合式分段人字内齿圈：201410085773.4[P]. [2014-06-18].

[8] 孙庆华 . 非对称渐开线外啮合齿轮泵的计算和分析 [J]. 齿轮，1984，8（2）：30-33.

[9] FRANCESCO G D，MARINI S. Structural analysis of asymmetrical teeth: reduction of size and weight[J]. Gear technology，1997，14（5）：47-51.

[10] KAPELEVICH A L. Geometry and design of involute spur gears with asymmetric teeth[J]. Mechanism and machine theory，2000，35（1）：117-130.

[11] LITVIN F L，FUENTES A，HAWKINS J M，et al. Design，generation and tooth contact analysis（TCA）of asymmetric face gear drive with modified geometry[R]. National aeronautics and space administration cleveland oh glenn research center，2001.

[12] LITVIN F L，FUENTES A，GONZALEZ-PEREZ I. Modified involute helical gears: computerized design，simulation of meshing and stress analysis[J]. Computer methods in applied mechanics and engineering，2003，192（33）：3619- 3655.

[13] LITVIN F L，GONZALEZ-PEREZ I，FUENTES A，et al. Topology of modi-

fied surfaces of involute helical gears with line contact developed for improvement of bearing contact, reduction of transmission errors, and stress analysis[J]. Mathematical & computer modelling, 2005, 42 (9-10): 1063-1078.

[14] DENG G, NAKANISHI T. Bending load capacity enhancement using an asymmetric tooth profile[J]. JSME international journal, 2003, 46 (3): 1171-1176.

[15] 蒋立冬, 常山, 石玉权, 等. 非对称渐开线直齿轮齿廓设计与有限元分析 [J]. 热能动力工程, 2003, 18 (5): 478-481.

[16] 张玉梅. 双压力角非对称齿轮啮合特性及应力分析研究 [D]. 南京: 南京航空航天大学, 2005.

[17] NOVIKOV A S, PAIKIN A G, DOROFEYEV V L, et al. Application of gears with asymmetric teeth in turboprop engine gearbox[J]. Gear technology, 2008, 1 (2): 60-65.

[18] KARPAT F, EKWARO-OSIRE S, CAVDAR K, et al. Dynamic analysis of involute spur gears with asymmetric teeth[J]. International journal of mechanical sciences, 2008, 50 (12): 1598-1610.

[19] 肖望强, 李威, 韩建友. 非对称齿廓齿轮弯曲疲劳强度理论分析与试验 [J]. 机械工程学报, 2008, 44 (10): 44-50.

[20] 肖望强. 高性能双压力角非对称齿轮传动啮合机理及承载能力研究 [D]. 北京: 北京科技大学, 2008.

[21] ALIPIEV O. Geometric design of involute spur gear drives with symmetric and asymmetric teeth using the realized potential method[J]. Mechanism and machine theory, 2011, 46 (1): 10-32.

[22] PEDERSEN N L. Improving bending stress in spur gears using asymmetric gears and shape optimization[J]. Mechanism and machine theory, 2010, 45 (11): 1707-1720.

[23] 李秀莲. 非对称渐开线齿轮传动特性及应用基础研究 [D]. 镇江: 江苏大学, 2012.

[24] WANG S, LIU G R, ZHANG G Y, et al. Design of asymmetric gear and accurate bending stress analysis using the ES-PIM with triangular mesh[J]. International journal of computational methods, 2012, 8 (4): 759-772.

[25] 田兴, 李威. 基于少齿数的非对称渐开线齿轮主动设计 [J]. 中南大学学报

（自然科学版），2013，44（3）：956.

[26] SEKAR R P，MUTHUVEERAPPAN G. Load sharing based maximum fillet stress analysis of asymmetric helical gears designed through direct design：a parametric study[J]. Mechanism & machine theory，2014，80：84-102.

[27] 史振兴. 基于非对称齿行星传动的风电齿轮箱研究 [D]. 济南：山东大学，2014.

[28] 叶福民. 非等模数非等压力角行星齿轮传动系统设计与动力学特性研究 [D]. 南京：南京航空航天大学，2014.

[29] MASUYAMA T，MIMURA Y，INOUE K. Bending strength simulation of asymmetric involute tooth gears [J]. Journal of advanced mechanical design systems and manufacturing，2015，9（5）：1-11.

[30] 文威. 非对称渐开线行星齿轮传动强度研究 [D]. 重庆：重庆大学，2015.

[31] MARIMUTHU P，MUTHUVEERAPPAN G. Design of asymmetric normal contact ratio spur gear drive through direct design to enhance the load carrying capacity[J]. Mechanism and machine theory，2016，95（1）：22-34.

[32] 李尊. 双压力角非对称齿轮承载能力的影响因素研究及参数优化 [D]. 北京：北京交通大学，2016.

[33] MASUYAMA T，MIYAZAKI N. Evaluation of load capacity of gears with an asymmetric tooth profile[J]. International journal of mechanical and materials engineering，2016，11（1）：11-20.

[34] ZHOU C J，LI Z D，HU B，et al. Analytical solution to bending and contact strength of spiral bevel gears in consideration of friction[J]. International journal of mechanical sciences，2017，128（8）：475-485.

[35] 方宗德，沈允文，黄镇东. 三路功率分流恒星式减速器的动态特性 [J]. 航空学报，1990，11（7）：341-350.

[36] 刘文，李润方，林超. 行星传动装置均载构件位移分析 [J]. 机械研究与应用，2003，16（4）：16-18.

[37] BODAS A，KAHRAMAN A. Influence of carrier and gear manufacturing errors on static load sharing behavior of planetary[J]. JSME international journal，2004，47（3）：908-915.

[38] 娄依志，王小群，李威. 非对称渐开线圆柱齿轮的动力学特性 [J]. 北京科技大学学报，2005，27（3）：334-337.

[39] 鲍和云，朱如鹏. 两级行星齿轮传动静力学系统基本浮动构件浮动量分析 [J]. 中南大学学报（自然科学版），2006，37（3）：553-557

[40] 肖望强，李威，韩建友. 双压力角非对称齿廓渐开线齿轮的振动分析 [J]. 中国机械工程，2006，17（6）：645-649.

[41] 王小群，孙萍，李威. 非对称渐开线圆柱齿轮建模与扭转振动仿真 [J]. 北京科技大学学报，2007，29（12）：1264-1267.

[42] KUMAR V S，MUNI D V，MUTHUVEERAPPAN G. Optimization of asymmetric spur gear drives to improve the bending load capacity[J]. Mechanism and machine theory，2007，43（7）：829-858.

[43] MARIMUTHU P，MUTHUVEERAPPAN G. Investigation of load carrying capacity of asymmetric high contact ratio spur gear based on load sharing using direct gear design approach[J]. Mechanism and machine theory，2016，96（1）：52-74.

[44] SONDKAR P，KAHRAMAN A. A dynamic model of a double-helical planetary gear set[J]. Mechanism and machine theory，2013，70（12）：157-174.

[45] 韩静波，刘更，吴立言，等. 齿轮系统动力学误差激励合成方法研究 [J]. 机械传动，2009，33（5）：24-26.

[46] 陆俊华，朱如鹏，靳广虎. 行星传动动态均载特性分析 [J]. 机械工程学报，2009，45（5）：85-90.

[47] SINGH A. Load sharing behavior in epicyclic gears：physical explanation and generalized formulation[J]. Mechanism and machine theory，2010，45（3）：511-530.

[48] ABBOUDI K，WALHA L，DRISS Y，et al. Dynamic behavior of a two-stage gear train used in a fixed-speed wind turbine[J]. Mechanism and machine theory，2011，46（12）：1888-1900.

[49] LIAN L M，LIU G M. Dynamic simulation analysis of asymmetric involute gear drive system[J]. Applied mechanics and materials，2012，215（12）：974-977.

[50] LI N，LI W. Research on meshing theory of involute helical gear with asymmetric[C]//Proceedings of the international conference on manufacturing science and technology（ICMST 2011）. Singapore：Trans Tech Publications Ltd，2012，383：2838-2844.

[51] ZHU Z B，ZHU R P，LI Y S. Impact of installation error on dynamics load sharing characteristic for encased differential herringbone train[J]. Chinese journal of mechanical engineering，2012，48（3）：16-24.

[52] WEI J，SUN Q C，SUN W. Load-sharing characteristic of multiple pinions driving in tunneling boring machine[J]. Chinese journal of mechanical engineering，2013，26（3）：532-540.

[53] WANG J G，WANG Y，HOU Z P. Analysis of dynamic behavior of multiple-stage planetary gear train used in wind driven generator[J]. Scientific world journal，2014（1）：1-11.

[54] QIU X H，HAN Q K，CHU F L. Load-sharing characteristics of planetary gear transmission in horizontal axis wind turbines[J]. Mechanism and machine theory，2015，92（11）：391-406.

[55] 何玉林，黄伟，李成武 . 大型风力发电机传动链多柔体动力学建模与仿真分析 [J]. 机械工程学报，2014，50（1）：61-69.

[56] MO S，ZHANG Y D，WU Q. Research on natural characteristics of double-helical star gearing system for GTF aero-engine[J]. Mechanism and machine theory，2016，106（12）：166-189.

[57] MO S，ZHANG Y D，WU Q. Load sharing behavior analysis method of wind turbine gearbox in consideration of multiple-errors[J]. Renewable energy，2016，97（6）：481-491.

[58] MO S，MA S，JIN G G. Research on multiple-split load sharing characteristics of 2-stage external meshing star gear system in consideration of displacement compatibility[J]. Mathematical problems in engineering，2017（12）：1-8.

[59] MO S，ZHANG Y D，WU Q. Research on load sharing mechanism of star gear trains for GTF engine[J]. Journal of aerospace power，2016，31（3）：763-768.

[60] MO S，ZHANG Y D，WU Q. Research on multiple-split load sharing of two-stage star gearing system in consideration of displacement compatibility[J]. Mechanism and machine theory，2015，88（1）：1-15.

[61] 莫帅，张以都，吴琼 . 考虑齿轮位移协调的 2 级星形传动多分流均载研究 [J]. 四川大学学报（工程科学版），2015，47（4）：175-180.

[62]　SHENG D P，ZHU R P，JIN G H. Dynamic load sharing characteristics and sun gear radial orbits of double-row planetary gear train[J]. Journal of central south university，2015，22（10）：3806-3816.

[63]　DENG X H，HUA L，HAN X H. Characteristic of involute slope modification of asymmetric spur gear[J]. Journal of central south university，2015，22（5）：1676-1684.

[64]　WU S J，PENG Z M，WANG X S，et al. Impact of mesh errors on dynamic load sharing characteristics of compound planetary gear sets[J]. Journal of mechanical engineering，2015，3（15）：29-36.

[65]　SUN W，LI X，WEI J，et al. Research on load sharing characteristics of planetary transmission for NW high-power wind turbine gearbox[J]. Journal of dalian university of technology，2015，55（3）：271-280.

[66]　KARPAT F，DOGAN O，YUCE C. An improved numerical method for the mesh stiffness calculation of spur gears with asymmetric teeth on dynamic load analysis[J]. Advances in mechanical engineering，2017，9（8）：1-12.

[67]　LEQUE N，KAHRAMAN A. A three-dimensional load sharing model of planetary gear sets having manufacturing errors[J]. Journal of mechanical design，2017，139（3）：1-11.

[68]　IGLESIAS M，FERNANDEZ DEL R A，DE-JUAN A. Planetary transmission load sharing：manufacturing errors and system configuration study[J]. Mechanism and machine theory，2017，111（5）：21-38.

[69]　周璐，巫世晶，李景 . 误差对行星传动系统均载特性影响分析 [J]. 机械传动，2017，41（6）：1-8.

[70]　LI M，XIE L Y，DING L J. Load sharing analysis and reliability prediction for planetary gear train of helicopter[J]. Mechanism and machine theory，2017，115（9）：97-113.

[71]　DONG H，FANG Z D，HU Y H. Study on the load-sharing characteristics of an aeronautical II-stage five-branching planets gear train based on the loaded tooth contact analysis[J]. Mathematical problems in engineering，2018（1）：1-18.

[72]　ZHANG J，QIN X P，XIE C Y，et al. Optimization design on dynamic load sharing performance for an in-wheel motor speed reducer based on genetic

algorithm[J]. Mechanism and machine theory，2018，122：132-147.

[73] KIM J G，PARK Y J，LEE S D. Influence of the carrier pinhole position errors on the load sharing of a planetary gear train[J]. International journal of precision engineering and manufacturing，2018，4（19）：537-543.

[74] XU X Y，LUO T H，LUO J Y. Dynamical load sharing behaviors of heavy load planetary gear system with multi-floating components[J]. International journal of modeling simulation and scientific computing，2018，1（9）：1-13.

[75] 张霖霖，朱如鹏. 含有浮动组合内齿圈的人字齿行星齿轮系统静态均载特性 [J]. 中南大学学报（自然科学版），2018，49（5）：1126-1134.

[76] 莫帅，马帅，金国光. 非对称直齿内齿轮齿廓方程原理与建模 [J]. 机械设计，2017，34（S2）：51-57.

[77] 许华超，秦大同，周建星. 内激励作用下行星传动系统振动响应研究 [J]. 振动与冲击，2017，36（21）：265-270.

[78] 朱增宝，朱如鹏，鲍和云，等. 偏心与安装误差对封闭差动人字齿轮传动系统静力学均载特性的影响 [J]. 华南理工大学学报（自然科学版），2011，39（8）：19-25.

[79] 鲍和云，朱如鹏. 两级星型齿轮传动动态均载特性分析 [J]. 航空动力学报，2005，20（6）：937-943.

[80] 李思千，巫世晶，王晓笋. 两级行星齿轮传动系统动态均载特性分析 [J]. 机械传动，2016，40（10）：11-16.

[81] MO S，ZHANG T，GONG J B. Dynamic characteristics and load sharing of herringbone wind power gearbox[J]. Mathematical problems in engineering，2018（1）：1-24.

[82] 李润方，王建军. 齿轮系统动力学：振动、冲击、噪声 [M]. 北京：科学出版社，1997.

[83] 姚文席，魏任之. 渐开线直齿轮的啮合冲击响应 [J]. 振动、测试与诊断，1992，15（2）：27-30.

[84] 李盛其. 中国齿轮行业"十二五"发展规划纲要 [J]. 汽车零部件，2011（1）：22-33.

[85] 中国机械工业年鉴委员会，中国齿轮专业协会. 中国齿轮工业年鉴 [M]. 北京：机械工业出版社，2014.

[86] NEVZAT ZGÜVEN H，HOUSER D R. Mathematical models used in gear

dynamics：a review[J]. Journal of sound and vibration，1988，121（3）：383-411.

[87]　姚廷强，迟毅林，黄亚宇，等．刚柔耦合齿轮三维接触动力学建模与振动分析 [J]. 振动与冲击，2009，28（2）：167-171.

[88]　朱增宝，朱如鹏，李应生，等．安装误差对封闭差动人字齿轮传动系统动态均载特性的影响 [J]. 机械工程学报，2012，48（3）：16-24.

[89]　刘文彬，刘更，李阳．串联型行星齿轮传动系统均载特性分析 [J]. 机械传动，2012，36（7）：92-95.

[90]　石万凯，邱红友，韩振华，等．风电齿轮箱人字行星传动的动态分析 [J]. 重庆大学学报，2015，38（1）：95-102.

[91]　李斌．行星齿轮传动系统均载分析方法的研究 [D]. 南京：南京航空航天大学，2005.

[92]　徐向阳，朱才朝，刘怀举，等．柔性销轴式风电齿轮箱行星传动均载研究 [J]. 机械工程学报，2014，50（11）：43-49.

[93]　鲍和云，周兴军，朱如鹏，等．考虑柔性齿圈的节点外啮合行星齿轮均载特性分析 [J]. 中南大学学报（自然科学版），2016，47（9）：3005-3010.

[94]　朱自冰，朱如鹏，鲍和云．两级星型齿轮传动系统非线性动力学研究 [J]. 航空动力学报，2007，22（11）：1963-1970.

[95]　魏静，张爱强，秦大同，等．考虑结构柔性的行星轮系耦合振动特性研究 [J]. 机械工程学报，2017，53（1）：1-12.

[96]　SONG X，HOWARD I. Dynamic modelling of flexibly supported gears using iterative convergence of tooth mesh stiffness[J]. Mechanical systems and signal processing，2016，80（12）：460-481.

[97]　孙智民，沈允文，李素有．封闭行星齿轮传动系统的动态特性研究 [J]. 机械工程学报，2002，38（2）：44-48.

[98]　AL-SHYYAB A，KAHRAMAN A. Non-linear dynamic analysis of a multi-mesh gear train using multi-term harmonic balance method：sub-harmonic motions[J]. Journal of sound and vibration，2005，284（1）：151-172.

[99]　INALPOLAT M，HANDSCHUH M，KAHRAMAN A. Influence of indexing errors on dynamic response of spur gear pairs[J]. Mechanical systems and signal processing，2015，60（8）：391-405.

[100]　 LIGATA H，KAHRAMAN A，SINGH A. An experimental study of the in-

fluence of manufacturing errors on the planetary gear stresses and planet load sharing[J]. Journal of mechanical design，2008，130（4）：137-139.

[101]　KAHRAMAN A. Load sharing characteristics of planetary transmissions[J]. Mechanism and machine theory，1994，29（8）：1151-1165.

[102]　LIN T，HE Z. Analytical method for coupled transmission error of helical gear system with machining errors，assembly errors and tooth modifications[J]. Mechanical systems and signal processing，2017，91（1）：167-182.

[103]　KIM W，JI Y L，CHUNG J. Dynamic analysis for a planetary gear with time-varying pressure angles and contact ratios[J]. Journal of sound and vibration，2012，331（4）：883-901.

[104]　ZHANG L，WANG Y，WU K，et al. Dynamic modeling and vibration characteristics of a two-stage closed-form planetary gear train[J]. Mechanism and machine theory，2016，97（3）：12-28.

[105]　DONG H，CAO Y，FANG Z. Dynamic vibration characteristic analysis for the power-split transmission system based on loaded tooth contact analysis[J]. Shock and vibration，2015（7）：1-15.

[106]　LI Y Z，DING K，HE G L，et al. Vibration mechanisms of spur gear pair in healthy and fault states[J]. Mechanical systems and signal processing，2016，81（1）：183-201.

[107]　于蓬，章桐，孙玲，等 . 集中驱动式纯电动车动力传动系统扭转振动研究[J]. 振动与冲击，2015，34（10）：121-127.

[108]　XIAO W，CHEN Z，PAN T，et al. Research on the impact of surface properties of particle on damping effect in gear transmission under high speed and heavy load[J]. Mechanical systems and signal processing，2018，98（1）：1116-1131.

[109]　REN F，QIN D，LIM T C，et al. Study on dynamic characteristics and load sharing of a herringbone planetary gear with manufacturing errors[J]. International journal of precision engineering and manufacturing，2014，15（9）：1925-1934.

[110]　WINK C H，SERPA A L. Performance assessment of solution methods for load distribution problem of gear teeth[J]. Mechanism & machine theory，2008，43（1）：80-94.

[111] KAHRAMAN A，LIGATA H，SINGH A. Influence of ring gear rim thickness on planetary gear set behavior[J]. Journal of mechanical design，2010，132（2）：021002.

[112] HU Y Y, TALBOT D D, KAHRAMAN A A. A load distribution model for planetary gear sets[J]. Journal of mechanical design, 2018, 140（5）: 1-14.

[113] PARKER R G, LIN J. Mesh phasing relationships in planetary and epicyclic gears[J]. Journal of mechanical design，2004，126（2）：525-534.

[114] 张霖霖，朱如鹏. 啮合相位对人字齿行星齿轮传动系统均载的影响 [J]. 机械工程学报，2018，54（11）：129-140.

[115] MO S, YUE Z, FENG Z, et al. Analytical investigation on load-sharing characteristics for multi-power face gear split flow system[J]. Journal of mechanical engineering science，2020，234（2）：676-692.

[116] 莫帅，岳宗享，冯志友，等. 面齿轮分汇流系统动力学均载特性研究 [J]. 华中科技大学学报（自然科学版），2020，48（2）：23-28.

[117] BODAS A, KAHRAMAN A. Influence of carrier and gear manufacturing errors on the static load sharing behavior of planetary gear sets[J]. JSME international journal，2004，47（3）：908-915.

[118] 靳广虎，龙珊珊，高鹏，等. 圆柱齿轮分扭传动系统的均载特性及试验研究 [J]. 中南大学学报（自然科学版），2019，50（7）：1592-1601.

[119] 马帅. 非对称齿轮复合行星传动系统设计方法和均载特性研究 [D]. 天津：天津工业大学，2019.

[120] MO S，MA S，JIN G G, et al. Research on dynamic load-sharing characteristics of two-stage asymmetric star gear system[J]. IEEE access，2019，7（1）：126799-126811.

[121] SUN Y, SHI Y, YAO Z, et al. Load sharing characteristic of a power-integrated gearbox in a hydraulic top-drive system[J]. Journal of mechanical engineering science，2019，233（17）：6262-6275.

[122] MO S, ZHANG T, JIN G G, et al. Analytical investigation on load sharing characteristic for herringbone planetary gear train with flexible support and floating sun gear[J]. Mechanism and machine theory，2020，144（2）：1-27.

[123] MO S, ZHANG T, JIN G, et al. Influence mechanism of multi-coupling error on the load sharing characteristics of herringbone gear planetary transmis-

sion system[J]. Proceedings of the institution of mechanical engineers，2019，233（4）：792-816.

[124]　胡升阳，方宗德．行星传动均载及动载系数定义改进与分析 [J]. 西安交通大学学报，2019，53（8）：40-46.

[125]　邱星辉，韩勤锴，褚福磊．基础俯仰运动对风力机行星齿轮动力学特性的影响分析 [J]. 振动工程学报，2016，29（6）：945-953.

[126]　任菲，秦大同，吴晓铃．考虑制造误差的人字齿行星传动均载特性 [J]. 中南大学学报（自然科学版），2016，47（2）：474-481.

[127]　叶福民，朱如鹏，靳广虎，等．考虑齿侧间隙的非等模数非等压力角行星齿轮系统的均载特性研究 [J]. 振动与冲击，2015，34（11）：206-211.

[128]　桂永方，朱如鹏，靳广虎，等．间隙非线性圆柱齿轮分流传动系统动力学与均载特性分析 [J]. 振动与冲击，2014，33（18）：177-184.

[129]　董皓，方宗德，杜进辅．双路功率分流传动系统的静态均载特性分析 [J]. 哈尔滨工业大学学报，2013，45（9）：94-99.

[130]　魏静，杨攀武，秦大同，等．柔性销轴式人字齿星型轮系均载特性 [J]. 哈尔滨工业大学学报，2018，50（7）：144-153.

[131]　李金库，刘伟，李良荣．3.XMW 风电齿轮箱柔性销结构有限元计算及其试验研究 [J]. 机械传动，2019，43（5）：172-175.

[132]　徐向阳，朱才朝，刘怀举，等．柔性销轴式风电齿轮箱行星传动均载研究 [J]. 机械工程学报，2014，50（11）：43-49.

[133]　李龙，李剑敏，陈丽丽，等．风电齿轮箱行星轮系柔性销轴的强度与疲劳寿命分析 [J]. 机械传动，2014，38（1）：101-106.

[134]　邹俊伟，朱美玲．基于柔性销轴技术的风电齿轮箱行星轮轴装配工艺研究与分析 [J]. 机械传动，2015，39（3）：177-178.

[135]　HE G，DING K，WU X，et al. Dynamics modeling and vibration modulation signal analysis of wind turbine planetary gearbox with a floating sun gear[J]. Renewable energy，2019，139（8）：718-729.

[136]　REN F，LUO G，SHI G，et al. Influence of manufacturing errors on dynamic floating characteristics for herringbone planetary gears[J]. Nonlinear dynamics，2018，93（2）：361-372.

[137]　郭芳，方宗德，张永振．星轮偏心误差对浮动式星型齿轮传动动态特性的影响 [J]. 振动与冲击，2018，37（3）：98-104.

[138] TSAI S J, HUANG G L, YE S Y, et al. Gear meshing analysis of planetary gear sets with a floating sun gear[J]. Mechanism and machine theory, 2015, 84(2): 145-163.

[139] LI Y, DING K, HE G, et al. Vibration modulation sidebands mechanisms of equally-spaced planetary gear train with a floating sun gear[J]. Mechanical systems and signal processing, 2019, 129(8): 70-90.

[140] NEJAD A R, XING Y, GUO Y, et al. Effects of floating sun gear in a wind turbine's planetary gearbox with geometrical imperfections[J]. Wind energy, 2015, 18(12): 2105-2120.

[141] TANG J Y, LIU Y, CAI W X. The principles of selecting floating members of 2K-H planetary gears for load balancing design[J]. Journal of mechanical engineering science, 2017, 231(9): 1589-1598.

[142] 许华超, 秦大同, 刘长钊, 等. 计入结构柔性的直升机主减速器振动特性分析 [J]. 航空动力学报, 2019, 34(5): 1020-1028.

[143] ELBHBAH K, SINHA J K. Vibration-based condition monitoring of rotating machines using a machine composite spectrum[J]. Journal of sound and vibration, 2013, 332(11): 2831-2845.

[144] NEMBHARD A D, SINHA J K, YUNUSA-KALTUNGO A. Development of a generic rotating machinery fault diagnosis approach insensitive to machine speed and support type[J]. Journal of sound and vibration, 2015, 337(2): 321-341.

[145] SINHA J K, ELBHBAH K. A future possibility of vibration based condition monitoring of rotating machines[J]. Mechanical systems and signal processing, 2013, 34(1): 231-240.

[146] GUBRAN A A, SINHA J K. Shaft instantaneous angular speed for blade vibration in rotating machine[J]. Mechanical systems and signal processing, 2014, 44(1): 47-59.

[147] NEMBHARD A D, SINHA J K. Unified multi-speed analysis (UMA) for the condition monitoring of aero-engines[J]. Mechanical systems and signal processing, 2015, 64(12): 84-99.

[148] 赵德尊, 李建勇, 程卫东. 齿轮噪声干扰及变转速下的滚动轴承故障诊断 [J]. 华南理工大学学报(自然科学版), 2016, 44(2): 67-73.

[149]　包瑞新，栗佳，李帆，等．基于虚拟仪器技术的齿轮噪声监测仪的开发[J]．机械传动，2009，33（3）：106-107.

[150]　WANG M，ANGLAND D，ZHANG X. The noise generated by a landing gear wheel with hub and rim cavities[J]. Journal of sound and vibration，2017，392（3）：127-141.

[151]　KIM E Y，SHIN T J，LEE S K. New tonality design for non-stationary signal and its application to sound quality for gear whine sound[J]. Journal of automobile engineering，2013，227（3）：311-322.

[152]　LEE S K，KIM T G，LIM J T. Characterization of an axle-gear whine sound in a sports utility vehicle and its objective evaluation based on synthetic sound technology and an artificial neural network[J]. Journal of automobile engineering，2008，222（3）：383-396.